农业标准化生产技术丛书

# 水稻
## 标准化生产技术

SHUIDAO BIAOZHUNHUA SHENGCHAN JISHU

●浙江省农业技术推广中心 组编

浙江科学技术出版社

图书在版编目(CIP)数据

水稻标准化生产技术 / 孙健主编. —杭州：浙江科学技术出版社，2008.2
(农业标准化生产技术丛书 / 浙江省农业技术推广中心组编)
ISBN 978-7-5341-3255-1

Ⅰ.水… Ⅱ.孙… Ⅲ.水稻－栽培－标准化 Ⅳ.S511

中国版本图书馆 CIP 数据核字 (2008) 第 012335 号

| | | | | |
|---|---|---|---|---|
| 丛 书 名 | 农业标准化生产技术丛书 | | | |
| 书 名 | 水稻标准化生产技术 | | | |
| 组 编 | 浙江省农业技术推广中心 | | | |
| 出版发行 | 浙江科学技术出版社 | | | |
| | 杭州市体育场路 347 号　邮政编码：310006 | | | |
| | 联系电话：0571-85170300-61711 | | | |
| | E-mail：zt@zkpress.com | | | |
| 排　　版 | 杭州兴邦电子印务有限公司 | | | |
| 印　　刷 | 杭州飞达工艺美术印刷厂 | | | |
| 经　　销 | 全国各地新华书店 | | | |
| 开　　本 | 880×1230　1/32 | | 印　张 | 4.125 |
| 字　　数 | 108 000 | | | |
| 版　　次 | 2008 年 2 月第 1 版 | | | 2012 年 5 月第 5 次印刷 |
| 书　　号 | ISBN 978-7-5341-3255-1 | | 定　价 | 7.00 元 |

版权所有　翻印必究
(图书出现倒装、缺页等印装质量问题，本社负责调换)

丛书组稿　章建林　　责任编辑　张　特
责任校对　顾　均　　封面设计　金　晖
责任印务　徐忠雷

## 《农业标准化生产技术丛书》编委会

主　　任　程渭山
副 主 任　赵兴泉
编　　委　（按姓氏笔画为序）
　　　　　王月星　王华弟　王岳钧　王建跃
　　　　　毛祖法　孙　钧　孙　健　吴海平
　　　　　陆中华　林云彪　赵建阳　顾小根
　　　　　徐建华　陶冠军　黄　武　舒伟军
　　　　　童日晖　楼洪志　詹黎耕　蔡元杰
　　　　　戴旭明
策　　划　徐建华　陶冠军　柴素君

## 《水稻标准化生产技术》编写人员

主　　编　孙　健
副 主 编　章秀福
编写人员　章秀福　邵国胜　王丹英　徐春梅
　　　　　彭　建

  经过改革开放近30年的发展,特别是近几年建设高效生态农业,浙江省农业综合生产能力大为提高,生产经营方式发生了重大转变,目前正处于由传统农业向现代农业迈进的重要发展阶段。与此同时,浙江省的农业标准化工作也取得了重要进展,标准化意识不断增强,标准化体系不断完善,标准化生产广泛推行,促进了农业整体水平的提升。但是也必须清醒地看到,由于浙江省农业标准化起步较迟,农业生产规模小、农民组织化程度低及文化素质不高,农业标准化尚处在逐步发展阶段,存在着认识不到位、技术不配套、组织不适应、覆盖面不广等问题,迫切需要尽快解决。

  农业标准化是农业现代化的基本标志和主要内容。实施农业标准化,是保障农业安全生产、提高农产品质量水平的基础环节,是培育农业品牌、增强市场竞争力的有力举措,是提升产业层次、建设现代农业的必由之路。我们要从全局和战略的高度,充分认识推进农业标准化的重要性,把它与推进中国特色农业现代化建设结合起来,与落实浙江省委、省政府"创新强省、创业富民"要求结合起来,加快农业标准化建设步伐,切实提高工作水平。要按照政府大力推动、市场有效引导、龙头企业带动、农民积极实施的路子,加快构筑科学、统一、权威的农业标准化体系,努力使生产经营每个环节都有标准可依、有规范可循,不断提高农业标准的科学性、先进性、适用性。要大力推广标准化生产,广泛普及标准化知识,积极开展标准化示范区建设。要把推进农业标准化与实施责任农技制度、推广农业技术结合起来,与发展农业产业化结合起来,与保护和培育名牌农产品结合起来,不断提高农业标准化水平,促进农业发展迈上新的台阶。

为帮助广大农技人员和农民群众学习标准化知识，掌握标准化技术，浙江省农业厅组织相关农业专家，围绕浙江省主导产业发展及粮食安全，编写了这套《农业标准化生产技术丛书》，内容包括水稻、双低油菜、蔬菜、西瓜、甜瓜、食用菌、茶叶、蚕桑、柑橘、杨梅、桃、梨、生猪、鸡、鸭、蜂等十多个方面。本套丛书以各产业相关"标准"为蓝本，针对生产实际和农民需要，将优新品种、适用技术等成果寓于标准化之中，突出技术操作规程，突出新品种、新技术的集成配套，力求使复杂"标准"简单"操作"，使标准化知识通俗化、生产规程化、技术模式化，使农民群众看得懂、学得会、用得上。相信通过这套丛书的出版发行，将对浙江省加快实施农业标准化，发展高效生态农业，起到积极的推动作用。

浙江省副省长

2007年12月

# 前言

水稻是浙江省最主要的粮食作物,全省95%以上的人口是以稻米为食。粮食安全首先是口粮安全,对浙江省而言实质就是稻米安全。保持水稻生产的稳定增长与可持续发展,是保障浙江省粮食安全和实现经济又好又快发展的基石。

随着浙江省社会、经济与农业生产的快速发展,水稻生产技术已发生重大变革,水稻轻简化栽培技术已成为水稻生产技术的主体,传统技术与经验型生产方式已不能适应当前生产发展的要求。正是在这一背景下,我们组织编写了《水稻标准化生产技术》一书,旨在为广大稻农和农技推广人员提供一套标准化水稻生产技术,促进水稻生产技术水平的提升和水稻生产的可持续稳定增长。

本书共有7个部分。第一部分是水稻的产地环境,内容包括气候条件、土壤条件与水稻种植区划,目的是让读者对我国及浙江省的水稻生产有一个总体了解。第二部分是水稻品种选择与优良品种介绍,着重介绍浙江省水稻生产上的主导品种,包括早稻、连作晚稻和单季稻。在详细说明各个品种生育特点及产量、品质、抗性等性状的同时,附有简单的栽培技术要点。第三部分是水稻肥水需求特点与标准化管理技术,以综述形式介绍水稻需肥、需水特点和规律以及肥、水管理通用技术。第四至第七部分是水稻主推技术分述,重点介绍了目前在浙江省水稻生产上应用的主要技术,包括水稻旱育秧技术、水稻强化栽培技术、水稻免耕直播技术和水稻病虫草害综合防治技术等。本书内容实用,针对性强,可供广大农业院校师生、基层农技人员、种粮大户等阅读、参考。

由于编者水平有限,书中疏漏和不足之处在所难免,敬请广大读者批评指正,以便今后修订、完善。

编　者
2008年2月

# 目录 Mulu

## 一、水稻的产地环境 / 1
（一）水稻生产的气候条件 / 1
（二）水稻生产的土壤条件 / 5
（三）水稻种植区划 / 10

## 二、水稻品种选择与优良品种介绍 / 20
（一）品种选择要求 / 20
（二）高产优质品种介绍 / 22

## 三、水稻肥水需求特点与标准化管理技术 / 56
（一）水稻需肥规律与管理技术 / 56
（二）水稻需水规律与管理技术 / 62

## 四、水稻旱育秧技术 / 67
（一）旱育秧技术 / 67
（二）移栽技术 / 74
（三）高产水稻群体动态与产量构成指标 / 75

## 五、水稻强化栽培技术 / 78
（一）水稻强化栽培的起源与发展 / 78
（二）水稻强化栽培技术的基本原理和技术 / 82

（三）水稻强化栽培标准化技术 / 85

六、水稻免耕直播技术 / 89
（一）水稻免耕直播技术的发展 / 89
（二）水稻免耕直播技术的基本原理 / 94
（三）水稻免耕直播栽培标准化技术 / 98

七、水稻病虫草害综合防治技术 / 100
（一）病虫草害综合防治策略 / 100
（二）化学农药使用要求 / 102
（三）主要病虫草害及防控 / 103

**主要参考文献 / 120**

# 一、水稻的产地环境

中国是世界上种植水稻最古老的国家,稻作历史约有7000年,是世界栽培稻起源地之一。水稻是我国的主要粮食作物,2006年全国水稻播种面积约3000万公顷,占粮食播种面积的27.6%左右,稻谷产量约19000万吨,占粮食产量的40.7%左右。

## (一) 水稻生产的气候条件

### 1. 水稻对气候条件的要求

水稻属喜温好湿的短日照作物,影响水稻的主要生态因子有:

(1) 日照长短和光照总量。纬度是决定光热条件的最主要的客观条件,水稻的营养生长期和生殖生长期的日数都是随纬度北移而逐渐增多的。纬度越高,越适于长日照植物的生长;纬度越低,越适于短日照植物的生长。"秦岭-淮河"线是我国的热量分界线,90%以上的稻田分布在该线以南。我们熟知的我国长江三角洲、珠江三角洲、皖中、洞庭湖、鄱阳湖、江汉、成都平原,以及浙江省、福建省的滨海平原、海南省、台湾省也是稻作比较集中的地区。我国长江中下游地区和黄河流域的太阳辐射年总量达到501.6~585.2千焦/平方厘米,而同纬度的日本大多在418~501.6千焦/平方厘米,太阳辐射条件优于日本。

(2) 温度。决定温度的因素除了纬度外,还有海拔、地形等因素。海拔越高,温度越低,水稻的生育期就越长。地形主要影响风向、风势和空气中二氧化碳的浓度,从而影响温度。我国辽河下游地区和松花江流域土壤肥沃,但是只能单季种植,主要原因就是春秋积温太低。一

般而言,热量资源在≥10℃年积温为2000~4500℃的地方适于种单季稻,≥10℃年积温为4500~7000℃的地方适于种两季稻,≥10℃年积温为5300℃是双季稻的安全界限,≥10℃年积温为7000℃以上的地方可以种三季稻。受东南季风的影响,我国北方气温比同纬度世界许多地区都高,优越的热量条件使我国稻作区域的分布比其他国家靠北。

(3) 水分。由于我国处于亚欧大陆的东部,季风盛行,故季风雨是我国的主要降雨。秋冬季盛行西伯利亚西北季风,干燥寒冷;春夏季盛行东南季风,温暖湿润;且东南沿海常有热带高气压及台风性降雨。在地形上,西北高岭,东南平坦。我国的水稻气候有雨热同季的特点,全国南北也以秦岭-淮河为干湿分界线。

除了降雨外,水分还直接与地面蒸发量相关。地面蒸发量又与植被覆盖率、光照强度有关。所以,我国西北地区的银川平原、河套平原、河西走廊、塔里木和准噶尔盆地以及汾河谷地、渭水平原的水稻生产都是因为不受水分限制才得以持续的。其他地区,受西北季风影响深重,东南季风难以到达,降雨稀少,荒漠化严重。

## 2. 我国水稻区域气候条件与特征

东北半湿润早熟单季稻作区——地处黑龙江流域以南、长城以北地区,包括黑龙江省、吉林省、辽宁省和内蒙古自治区东部地区。主栽品种以早粳和特早熟早粳为主。该区≥0℃年积温为3500~3700℃,年降水量在350~1100毫米。稻作期一般为4月中下旬至9月上旬或4月中下旬至10月上旬。

西北干旱单季稻作区——地处大兴安岭以西的北方大部分地区,包括内蒙古自治区西部、新疆维吾尔自治区、宁夏回族自治区、甘肃省大部分地区。品种主要是早熟早粳、中粳。该区≥10℃年积温为2000~4500℃,无霜期为100~230天,年降水量小于400毫米,大部地区气候干旱,光能资源丰富。稻作期一般在4~10月。

华北半湿润单季稻作区——地处秦岭淮河以北、长城以南地区,包括北京市、天津市、河北省、内蒙古自治区东南部、山东省、山西省、河南省大部分地区、安徽省和江苏省淮河以北地区、陕西中北部、甘肃省兰州以东地区。种植品种以粳稻为主。该地区≥10℃年积温为4000～5000℃,无霜期为170～230天,年降水量在580～1000毫米以上,冬春干旱,雨量大多集中在夏秋。

西南湿润单季稻作区——地处我国中西部及高原地区,包括四川省、湖南省西部、贵州省大部分地区、云南省中北部、青藏高原河谷地区。水稻垂直分布明显,低海拔以籼稻为主,高海拔以粳稻为主,中间地带籼粳混栽。该区≥10℃年积温为3000～6500℃,年降水量在500～1400毫米。生长季为180～260天。稻作期在3月下旬至10月。

长江流域湿润单双季稻作区——地处南岭以北、秦岭以南,包括江苏省及安徽省中南部、上海市、浙江省、江西省、湖南省、湖北省、四川盆地、陕西省和河南省的南部。早稻品种多是籼稻,中稻品种多为籼型杂交稻,连作晚稻和单季晚稻以粳稻为主。该区≥10℃年积温为4500～6000℃,水稻生长季为210～260天,年降水量在700～1600毫米。

华南湿润双季稻作区——地处南岭以南,包括我国云南省西南部、广东省、广西壮族自治区、福建省、海南省和台湾省等。种植品种以籼稻为主,山区也种粳稻。该区≥10℃年积温为6500～9000℃,水稻生长季为260～365天,年降水量在1300～1500毫米或以上。

## 3. 浙江省气候条件与特征

浙江省属亚热带季风气候区,冬季受冷高压控制,盛行偏北风,以晴冷干燥天气为主,有少雨、寒冷的特点;夏季受太平洋副热带高压控制,盛行东南风,水汽充沛,但缺乏大规模的抬升致雨条件,有少雨、高温强光的特点;春、秋两季则为过渡时期,气旋活动频繁,锋面降雨甚多,冷暖变化也大。

(1) 气温。浙江全省年平均气温在15～18℃,自南向北递减,等温线大致与纬线圈平行。浙江全省气温年较差在20～26℃,地理分布上是沿海小于内陆。

一地的气温日较差与天空状况、湿度和风力有很大关系,从平均值来看一般均小于10℃,各季节中以秋季最大,夏季次之,冬季最小,地理分布上是沿海小于内陆。极端最高气温曾达到41.9℃,极端最低气温

曾到过-13.3℃。

日平均气温≤0℃时,往往会发生冰冻。一般在11月底至12月上旬出现冰冻初日,东南沿海要推迟到12月中旬以后。

浙江省各地最早初霜期除沿海及岛屿出现在中下旬外,几乎都在10月下旬。平均终霜期,浙中内陆地区和东南沿海在2月底至3月上旬,浙北地区在3月下旬至4月初。无霜期自南向北减少,浙北地区在220~230天之间,浙南约270天,其余地区在230~270天。

(2) 降雨。降雨量的季节分配大体上和温度相一致,表现为"雨热同季"的气候特点。浙江全省各地平均年雨量在1200~1300毫米,但年际、月际的变率较大,年降雨日数在140~180天。

10月至翌年2月是农业生产中的秋收冬种和作物越冬阶段,农作物的需水量不多,气温也低。这段时期也正是一年中雨量最少的时期,一般月雨量在50毫米左右,月雨日在10天左右。总雨量常年在300毫米上下,但年间仍有一定变动。

3月份起,随气温转暖,降水量相应增加,3~4月为春雨期,正常年份雨量有200~400毫米,占年雨量的16%~23%,从西南向东北递减,年际变化不大。雨日在30~35天,为各种作物萌芽培育提供了较丰富的雨水条件。5~6月随气温的进一步升高,农业生产需水量增大,此时浙江全省雨季先后开始,浙江北部进入梅雨期,降水量较春雨阶段有所增加。这两个月的常年雨量为300~600毫米,占全年雨量的25%~36%,年际变化小,较稳定。这期间的降水,不仅为当季生产带来丰沛的雨水,也为下一季提供了蓄水灌溉之利。少数年份雨季降水特多,就可能引起洪涝灾害。4~6月是冰雹、大风等强对流天气的主要危害时期,浙江省西部出现的频率相对较高。

盛夏的7~8月为干旱期,总雨量在190~400毫米,雨日为20~30天,除有台风影响或局部雷阵雨外,以晴热天气为主。沿海雨量多于内陆,金衢盆地最少。

入秋后,9月秋雨降临,但金衢盆地和西南山区雨量仍较少,降雨量总的来说仍是沿海多、内陆少。

初雪最早出现在11月中旬,最迟在4月中旬,平均初日是:西北部在12月中旬,东南沿海在1月中旬;平均终日是:东南沿海在2月下旬,其他地区均在3月上旬至3月中旬。除东南沿海积雪日数在5天以下外,其他地区积雪日一般都有5~8天。浙江北部地区最大积雪深度在10~25厘米,中部达到35~50厘米,南部一般在20厘米以下。

(3) 风力。浙江省处于副热带季风区,风向的季节变化很明显。冬季盛行偏北风,平均风力较强;夏季多东南风,平均风力较弱。丘陵山地因地形因素影响,风向较乱,山区盛行风向与山谷河川走向一致。大风(≥17.2米/秒)日数以沿海岛屿最多,山区最少。浙江全省风压也是从沿海向内陆急剧减小。

(4) 雷暴日、雾日。雷暴在冬季比较少见,一般始于2月底至3月中旬,终止于9月底至10月中旬,以7月、8月最多。全年雷暴日数在30~70天之间,浙北平原和沿海地区较少(在50天以下),山区较多。

全省年平均雾日在10~90天之间,山区最多(在50天以上),滨河地带次之(在50天左右),内陆较少。季节分布是秋季较多,夏季较少。

(5) 日照、湿度、蒸发。全省各地年平均日照时数在1800~2100小时之间,南部和西北山区在2000小时以下。一年中以夏季各月日照时数较长,7~8月各地平均时数都在240小时以上;冬季日照时数较短,在120~150小时。

沿海地区相对湿度全年平均可达80%以上,内陆也有77%~79%。各月分别以5月、6月、9月较大;冬季较小,最小相对湿度曾测得为3%。浙江全省绝对湿度平均值在1700帕左右,冬季小,夏季大。绝对湿度极大值各地都曾达到3500帕以上。浙江全省年蒸发量大致在1300~1600毫米之间,以浙西南地区为最大。

## (二) 水稻生产的土壤条件

### 1. 水稻对土壤条件的要求

"水稻,水稻,有水才有稻。"这种说法概括说明了水稻与土壤水分的供求关系。水稻对土壤环境条件的要求与旱作物不同,水稻属于两

栖性植物,防御机构不发达,其生长发育需要近饱和的土壤水分。水稻体内的通气组织,贯穿于整个植株,能将叶片光合作用所释放的氧气输送到根部,供根部呼吸,并使根际土壤较为通气。所以水稻能在氧气不足的土壤环境中生长;土壤淹水后可保持较稳定的土温,使春季土温不过低,夏季土温不过高。

水稻高产要求土壤有良好的肥力基础,水、肥、气、热比较协调,易于调节和控制,施肥促控自如,便于耕作管理,即花费较少的劳动力而能获得高产。

(1) 高产水稻土的形态特征。

①深厚的活土层(耕作层)。高产肥沃的土壤其耕作层应厚达20厘米,养分丰富,质地不砂不黏;土壤结构良好(有粒状和小块粒状结构),宜耕期长,耕作省力,土质疏松易碎,土色发黑,有益微生物(固氮菌、磷细菌、氨化微生物)占优势。

②发育适当的犁底层。这一层不宜过紧或过松,厚度以7~9厘米为宜,兼有保水、透水功能。如过于紧实,则透水性弱,会阻碍根系的伸展和土壤环境的更新,对作物生长不利。

③锈色斑纹较多的心土层(又称斑纹层)。在犁底层以下,锈色斑纹较多,系铁氧化所致。这种土壤水气协调,通透性较好。如地下水位过高或排水不畅,则易引起铁还原而使土壤呈青灰色。

④底土层。位于心土层以下,大都较为紧实,与作物的关系较小。

一般高产肥沃的稻麦田均有以上4个层次,其中耕层中有"鳝血"或"红筋"出现者为肥沃土壤的形态特征。"鳝血"是一种覆盖在结构体表面的鲜红棕色胶膜,而不是单纯的锈色斑纹。"鳝血"除含铁矿物外,还含有有机质与铁的络合物。它的形成需有良好的土壤结构、爽水性能和适量的活性有机质等,一般多见于壤质土。

(2) 含适量且协调的养分。作物需要的养分,约2/3~3/4是从土壤中吸收的,而土壤中有机质含量的多少直接影响土壤的结构、通透性。因此,土壤含有丰富的有机质和养分,是高产土壤的重要标志。土壤对养分的保存和协调作用是极其重要的。

土壤中的养分以不同形态存在,其中全量养分有难溶性、可溶性、代换性等若干种。这类养分不能被作物全部吸收利用,作物能吸收利用的是速效性养分(可溶性、代换性),不溶性养分需经微生物作用后才能转化为可溶性养分。高产土壤的养分含量,并不是愈多愈好;一般说来,高产土壤的养分要求是:全氮量>0.1%,有机质>2%,速效养分的含量视不同土壤和水稻各生育阶段而异。有机质也不是愈多愈好,有些低温黏重的土壤,有机质含量往往大于4%,这是由于土壤中有机质不易分解,土壤的物理性质不良所致。大量调查资料表明,高产稻田的养分含量为:全氮0.13%~0.23%,全磷0.1%~0.3%,全钾1.5%以上。速效磷$8\times10^{-6}$~$8\times10^{-5}$,低于$5\times10^{-6}$则缺磷较明显,施磷效果较好,高于$4\times10^{-5}$时,一般可不施磷肥。高产土壤速效钾一般在$1\times10^{-4}$~$1.5\times10^{-4}$。

(3) 良好的通透性。水稻田良好的通透性具体表现在"爽水"上。这种土壤具有砂黏适中的质地、良好的结构,各土层间没有致密的黏土层或过厚的犁底层,通透性能良好,水分的渗漏量适中,既利于土壤环境的改善更新,又能保水保肥。爽水田的日渗漏量以5~15毫米为好。渗漏量过大者为"漏水田",养分易流失;渗漏量过小者为"囊水田",土壤中还原性物质多,易产生毒害作用。通过水分的渗漏,把灌溉水中的溶解氧带入耕作层以下层次,以补充氧的不足;通过渗漏还可更新土壤环境,稀释或排除过多的还原性物质及二氧化碳。故水田必须保持适宜的渗漏量。

(4) 可耕性好。耕性的优劣与土壤的结构密切相关,尤其同土壤容重、孔隙度等关系最为密切,可耕性好的土壤非毛管孔隙多,土壤干湿容重差异较小,胀缩比低,田面裂缝细小而浅,土壤微团聚体比例高,即具有"干耕易碎,湿耕易散,适耕期长"的特点。

## 2. 水稻土壤的培育

(1) 开沟排水,排滞防渍。在淹水期间,水气协调的渗育层对水稻根系生长有利,是水稻高产、稳产所必需的。当地下水位高于50厘米时,渗育层甚至耕层的水分便接近饱和,易使水稻遭受湿害。所以在平整土地、渠系配套的同时,要因地制宜搞好田间排水设施。

（2）用地养地，地力常新。要提高土壤的复种指数，积极开辟有机肥源。施用总氮量30%以下的有机氮肥时，水稻吸收的氮素约有2/3取自土壤；若施用总氮量50%以上的有机氮肥时，水稻吸收的氮素约有3/4取自土壤。有机肥不仅可以改善土壤环境，而且可以提供作物所需要的多种营养元素。

（3）合理轮作，发挥地力。轮作不仅可促进土壤环境更新，消除因连作带来的不利影响，而且可以改善深层结构，促进养分活化，因此轮作显得尤其重要。免耕少耕也可以起到省工和改善土壤结构的作用。

## 3. 浙江水稻区域土壤条件与肥力特征

浙江省位于我国东南沿海中纬度地带，南北相距约250千米，跨越4个纬度，地处北亚热带和中亚热带两个热量带。同时，浙江省东南濒临东海，港湾曲折，海岸线漫长，东西相差4个经度，地貌形态自东而西拾级而上。纬度变化、距海远近与地貌类型对水热的再分配，导致浙江省生物气候条件在水平与垂直方向上的明显差异，使浙江省土壤在水平方向上随气候带而演替成明显的水平地带性，在垂直方向上随山体的海拔而演替成明显的垂直地带性。浙江省以红壤和黄壤为代表性的地带性土类，可分为滨河滩涂地区、河网平原区、河谷盆地区和丘陵山地区4个土壤地域类型。浙西北、西南和浙东丘陵山地区地带性土壤以红壤、黄壤为主，浙北水网平原和浙东南滨河平原以水稻土为主，滨河平原的外缘狭长地带为潮土和滨海盐土，红层盆地分布紫色土，浙西北丘陵山地为石灰土，粗骨土比较集中分布在浙东、浙西南山地区。

水稻土是浙江省最重要的耕作土壤，广泛分布于浙江全省各地，以杭嘉湖、宁绍、温（岭）黄（岩）、温（州）瑞（安）水网平原和滨海平原最为集中。水稻土是由红壤、紫色土、粗骨土（含岩性土）、潮土和滨海盐土等多种土壤（母质）或其母质经过长期平整土地、修筑排灌系统、施肥、耕耘、轮作逐步形成的，如山丘坡地的梯田、丘陵谷地的垄田、低丘坳沟冲田、低丘盆地的畈田、湖沼平原的圩田和宽谷冲积平原的平田等。根据水稻土土体内的水分类型和运动方式，以及土壤类型发生层的形态特征，浙江省的水稻土共分为淹育、渗育、潴育、脱潜和潜育5个亚类和杭嘉湖平原单季粳稻区、宁绍平原单双季籼粳稻区、温台沿海平原单双季籼稻区、金衢盆地单双季籼稻区、浙西南丘陵山区单季籼稻区、浙西北丘陵山区单季籼粳稻稻区6个稻作区。

（1）淹育水稻土。大量分布在丘陵山地基岩风化物上，多开垦作梯田，靠降水和引水灌溉种植水稻，土体内水分移动以单向的自上而下的渗透淋溶为主，不受地下水的影响。少数为平原区的潮土与滨海盐土，虽受地表水和地下水的双重影响，但是起源母土尚未脱盐脱钙，发育成水稻土后，仍在进行脱盐脱钙过程，氧化还原作用所显示的铁、锰斑纹淀积较弱，氧化铁的迁移不明显，属于幼年水稻土。浙江省主要以浙西南丘陵山区单季籼稻区、浙西北丘陵山区单季籼粳稻稻区为主。

（2）渗育水稻土。主要分布在宽谷冲积平原的河漫滩及低阶地上，其次分布在水网平原及滨海平原地势稍高地段。起源母土主要是潮土，少部分为红壤，种稻历史较淹育水稻土长，水耕熟化程度较好。土体内以降水和灌溉水的自上而下的渗透淋溶为主，氧化还原作用较为频繁，渗育层发育较好，铁、锰斑纹淀积较多。发育于潮土的常含有碳酸钙和盐分，发育于红壤的不存在碳酸盐分。

（3）潴育水稻土。主要分布在杭嘉湖、宁（波）绍（兴）、温（岭）黄（岩）、温（州）瑞（安）等水网平原区及滨海平原，其次分布在河谷盆地、山溪河流谷地及洪积扇上，是浙江省最主要的水稻土类型之一，分布面积在1390万亩左右，占水稻土类面积的44.6%左右。潴育水稻土的起源母土主要为平原区的潮土，少部分为其他土壤的再积物。由于耕作管理精细，水利设施较好，水耕熟化程度较高，种植历史悠久，潴育水稻土是浙江省最主要的粮食生产的土壤类型。

（4）脱潜水稻土。主要分布在杭嘉湖、宁绍、温（岭）黄（岩）、温（州）瑞（安）等水网平原低洼地；其次分布在水网平原与滨海平原过渡地段的较低地处；再次，诸暨盆地"湖田区"的稍高地段也有分布。起源母土为湖海相或湖相沉积物。因所处地势较低，地表排水困难，加之地下水位较高，土壤长期处于潜育过程，在整治河网、疏通、排涝防渍、降低地下水位、促进土体脱潜过程中逐渐发育。由于长期的水耕熟化、人为调节排灌，土体内氧化还原作用频繁交替进行，铁、锰斑纹密集，是保

蓄性和供肥性较好的高产土壤。

(5) 潜育水稻土。主要分布在水网平原、滨海平原和河谷盆地等地势低洼处,其次分布在山丘地区山垅、山坳的低洼处。起源母土为红壤、黄壤的再积物、冲积物、湖沼或湖海相沉积物等。由于所处地势低洼,地表排水困难,地下水位较高,或者受冷泉水和侧渗水的影响,土壤长期处于潜育过程,属于幼年水稻土。除有发育较好的犁底层为块状结构外,土体糊烂,无结构,通气性差。土体中亚铁反应强烈,氧化铁的蚀变和迁移现象不明显,保蓄水性能尚好,供肥性差。

## (三) 水稻种植区划

### 1. 我国水稻种植区划原则与区域划分

(1) 区划划分原则。

①从现有稻作种植制度和品种类型的实际分布出发。由于我国地域广阔,民族众多,耕作历史和文明悠久,再加上地形和气候带错综复杂,降雨量的年间差异和地区差异较大,才形成现有的稻作分布格局。所以,我们不可能像美国、加拿大、巴西等国那样对全国进行简单的作物区域划分。这是我们的国情,是我们划分的首要原则,也是自然和社会条件的基本要求。

②"以水定稻"、"以热定稻"的原则。凡热量资源在≥10℃年积温为2000~4500℃的地方适于种单季稻,≥10℃年积温为4500~7000℃的地方适于种两季稻,≥10℃年积温为5300℃是双季稻的安全界限,≥10℃年积温为7000℃以上的地方可以种三季稻。凡年降雨量在1000毫米以上,稻田干燥度($E/r$)≤1.0时,为湿润带;年降雨量在400~800毫米,1.0≤$E/r$≤2.0时,为半湿润带;年降雨量在200~400毫米,2.0≤$E/r$≤6.0时,为半干旱带;年降雨量小于200毫米,$E/r$≥6.0时,为干旱带。

③综合考虑日照、安全生产期、海拔、土壤等因素。日照时数影响水稻品种的分布和生产能力;海拔高度的变化,则通过气温变化影响水

稻的分布;良好的水稻土壤应具有较高的保水、保肥能力,又应具有一定的渗透性,酸碱度接近中性。所以应该以地域差异为主要依据,而不考虑行政区划的完整性。

（2）区域划分。一般要包含地理位置、稻作制度和水分状况三层含义。据此可定名为：

①华南湿热双季稻作带。

②华中湿润单、双季稻作带。

③华北半湿润单季稻作带。

④东北半湿润早熟单季稻作带。

⑤西北干燥单季稻作带。

⑥西南高原湿润单季稻作带。

由于某些稻作带范围广,内部差异大,为了准确地反映各地稻作生产现状和发展,有必要进行二级区域——稻作区的划分,具体的稻作区划细分指标见表1。

表1　中国水稻种植区划

| 中国稻作区划指标 | | | | | | 种植制度 | 品种类别 |
|---|---|---|---|---|---|---|---|
| 稻作带 | | | 稻作区 | | | | |
| 代号 | 名称 | 指标 | 代号 | 名称 | 指标 | | |
| I | 华南湿热双季稻作带 | ≥10℃年积温≥6500℃,降水量≥1000毫米,E/r≤1.0 | | | | 双季稻,三熟 | 早籼、晚籼、少数晚粳 |
| II | 华中湿润单、双季稻作带 | ≥10℃年积温4500～6500℃,降水量≥1000毫米,E/r≤1.0 | II$_1$ | 南部双季稻作带 | ≥10℃年积温5300～6500℃ | 双季稻为主,二熟或三熟 | 早籼、晚籼、晚粳 |
| | | | II$_2$ | 北部单、双季稻作带 | ≥10℃年积温4500～5300℃ | 单、双季稻,二熟或三熟 | 早籼、中籼、中粳、晚粳 |
| III | 华北半湿润单季稻作带 | ≥10℃年积温3500～4500℃,降水量≥400毫米,E/r≤1.0 | | | | 单季稻,一熟或二熟 | 早粳、中粳、中籼、晚籼 |

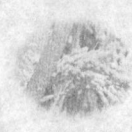

续表

| 中国稻作区划指标 ||||||||
|---|---|---|---|---|---|---|---|
| 稻作带 ||| 稻作区 ||| 种植制度 | 品种类别 |
| 代号 | 名称 | 指标 | 代号 | 名称 | 指标 |||
| Ⅳ | 东北半湿润早熟单季稻作带 | ≥10℃年积温≤3500℃，降水量≥400毫米，1.0≤E/r≤2.0 | Ⅳ₁ | 南部早熟稻作区 | ≥10℃年积温≤3500℃ | 单季稻，一熟 | 早粳、中粳 |
| | | | Ⅳ₂ | 北部特早熟稻作区 | ≥10℃年积温≤2500℃ | 单季稻，一熟 | 早粳、中粳 |
| Ⅴ | 西北干燥单季稻作带 | ≥10℃年积温2200~4000℃，降水量≤400毫米，E/r≥2.0 | Ⅴ₁ | 东部半干旱稻作区 | 降水量200~400毫米，2.0≤E/r≤6.0 | 单季稻，一熟 | 早粳、中粳 |
| | | | Ⅴ₂ | 西部干旱稻作区 | 降水量≤200毫米，E/r≥6.0 | 单季稻，一熟 | 早粳、中粳 |
| Ⅵ | 西南高原湿润单季稻作带 | ≥10℃年积温3000~6500℃，降水量1000毫米左右，E/r≤1.0 | Ⅵ₁ | 云贵高原稻作区（包括西藏自治区东南部） | ≥10℃年积温3000~6500℃，海拔800~2800米 | 单季稻为主，二熟 | 中粳、晚粳、中籼、晚籼 |
| | | | Ⅵ₂ | 青藏高原区 | ≥10℃年积温<2000℃，海拔>2800米 | 不能种水稻 | |

## 2. 水稻种植区划简介

全国稻区可划分为6个稻作区和16个亚区。

Ⅰ. 华南双季稻稻作区。位于南岭以南，我国的最南部。包括福建省、广东省、广西壮族自治区、云南省的南部以及我国台湾省、海南省和南海诸岛全部。除我国台湾省外，共包括194个市（县）。水稻面积占全国的17.6%。

$I_1$. 闽粤桂台平原丘陵双季稻亚区。东起福建省的长乐县和我国台湾省,西迄云南省的广南县,南至广东省的吴川县,包括131个市(县)。≥10℃年积温为6500~8000℃,大部分地区无明显的冬季特征。水稻生长期日照1200~1500小时,降水量1000~2000毫米。安全生育期:籼稻(日平均气温稳定通过10℃始现期至≥22℃终现期的间隔天数,下同)为212~253天;粳稻(日平均气温稳定通过≥10℃始现期至≥20℃终现期的间隔天数,下同)为235~273天。稻田主要分布在江河平原和丘陵谷地,适合双季稻生长。常年双季稻占水稻面积的94%左右。稻田实行以双季稻为主的一年多熟制,品种以籼稻为主。主要病虫害是稻瘟病和三化螟。今后,应充分发挥该区安全生育期长的优势,防避台风、秋雨危害;选用抗逆、优质、高产品种;提倡稻草过腹还田、增施钾肥;发展冬季豆类、蔬菜作物和双季稻轮作制。

$I_2$. 滇南河谷盆地单季稻亚区。北界东起麻栗坡县,经马关县、开远县至盈江县,包括滇南县等41个市(县)。地形复杂,气候多样,最南部的低热河谷接近热带气候特征。≥10℃年积温为5800~7000℃。生长季日照1000~1300小时,降水量700~1600毫米。安全生育期:籼稻180天以上,粳稻235天以上。稻田主要分布在河谷地带,种植高度上限为海拔1800~2400米。多数地方一年只种一季稻。白叶枯病、二化螟等为主要病虫害。今后要改善灌溉条件,增加复种,改良土壤,改变轮歇粗耕习惯。

$I_3$. 琼雷台地平原双季稻多熟亚区。包括海南省和雷州半岛,共22个市(县)。≥10℃年积温为8000~9300℃,水稻生长季达300天,其南部可达365天,一年能种三季稻。生长季内日照1400~1800小时,降水量800~1600毫米。安全生育期:籼稻253天以上,粳稻273天以上。受台风影响最大,土地生产力较低。双季稻占稻田面积的68%,多为三熟制,以籼稻为主。主要病虫害有稻瘟病、三化螟等。今后要改善水肥条件,增加复种,扩大冬作,发挥增产潜力。

II. 华中双季稻稻作区。东起东海之滨,西至成都平原西缘,南接南岭,北毗秦岭、淮河。包括江苏省、上海市、浙江省、安徽省、江西省、湖南省、湖北省、四川省8省(直辖市)的全部或大部分地区以及陕西

省、河南省两省南部,是我国最大的稻作区,占全国水稻面积的67%。

II$_1$. 长江中下游平原双单季稻亚区。位于≥10℃年积温≥5300℃等值线以北,淮河以南,鄂西山地以东至东海之滨。包括江苏省、浙江省、安徽省、上海市、湖南省、湖北省、河南省的235个市(县)。≥10℃年积温为4500～5500℃,大部分地区种稻一季有余,两季不足。粳稻安全生育期为159～170天,粳稻170～185天。生长季降水量700～1300毫米,日照1300～1500小时。春季低温多雨,早稻易烂秧死苗;秋季温、光条件好,生产水平高。双季稻占2/5～2/3,在长江以南部分平原高达80%以上。一般实行"早籼晚粳"复种,稻瘟病、稻蓟马等是主要病虫害。今后要种好双季稻,扩大杂交稻,开发超高产品种,合理复种轮作,多途径培肥土壤。

II$_2$. 川陕盆地单季稻两熟亚区。以四川盆地和陕南川道平原为主体,包括四川省、陕西省、河南省、湖北省、甘肃省五省的194个市(县)。≥10℃年积温为4500～6000℃。安全生育期:籼稻156～198天,粳稻166～203天。生长季降水800～1600毫米,日照700～1000小时。盆地春温回升早于东部两亚区,秋温下降快。春旱阻碍双季稻扩展,目前已下降到3%以下。川陕盆地是全国冬水田最多的地区,占稻田的41%,以籼稻为主,少量粳稻分布在山区。病虫害主要有稻瘟病和稻飞虱。今后要创造条件扩种双季稻,丘陵地区增加蓄水能力,改造冬水田,扩种绿肥。

II$_3$. 江南丘陵平原双季稻亚区。位于≥10℃年积温5300℃线以南,南岭以北,湘鄂西山地东坡至东海之滨,共294个市(县)。≥10℃年积温为5300～6500℃。安全生育期:籼稻176～212天,粳稻206～220天。双季稻占稻田的66%。生长季降水量900～1500毫米,日照1200～1400小时,春夏温暖有利于水稻生长,但梅雨后接伏旱,造成早稻高温逼熟,晚稻栽插困难。稻田主要在滨湖平原和丘陵谷地。平原多为冬作物—双季稻三熟,丘陵多为冬闲田—双季稻两熟,均以籼稻为主,扩种了双季杂交稻。稻瘟病、三化螟等为主要病虫害。水稻单产比其他两亚区低15%。今后,有条件的地区可发展"迟配迟"形式的双季稻,开发低丘红黄壤,改造中低产田。

Ⅲ. 西南高原单双季稻稻作区。地处云贵高原和青藏高原,共391个市(县)。水稻面积占全国的8%。

Ⅲ$_1$. 黔东湘西高原山地单双季稻亚区。包括黔中、东、湘西、鄂西南,川东南的94个市(县)。气候四季不甚分明,≥10℃年积温为3500~5500℃。安全生育期:籼稻158~178天,粳稻178~184天。生长季日照800~1100小时,降水量800~1400毫米。北部常有春旱接伏旱,影响插秧、抽穗、灌浆。该稻区大部分为一熟中稻或晚稻,多以油菜—水稻两熟为主。水稻垂直分布,海拔高地种粳稻,海拔低地种籼稻。稻瘟病、二化螟等为主要病虫害。粮食自给率低,该地区30%~50%的县缺粮靠外调。今后,仍需强调增产稻谷,它是脱贫的基础。低热川道谷地应积极发展双季稻。

Ⅲ$_2$. 滇川高原岭谷单季稻两熟亚区。包括滇中北、川西南、桂西北和黔中西部的162个市(县)。区内大小"坝子"星罗棋布,垂直差异明显。≥10℃年积温为3500~8000℃。安全生育期:籼稻158~189天,粳稻178~187天。生长季日照1100~1500小时,降水量530~1000毫米。冬春旱季长,限制了水稻复种。以蚕豆(小麦)—水稻两熟为主,冬水田占稻田面积的1/3以上。稻田最高高度为海拔2710米,也是世界稻田最高限。该稻区品种多为抗寒的中粳或早中粳类型。稻瘟病、三化螟等的危害较重。今后,在海拔1500米以下河谷地带积极发展双季稻,在1200~2000米的谷地发展杂交稻为主的中籼稻,并开发优质稻。

Ⅲ$_3$. 青藏高寒河谷单季稻亚区。适种水稻区域极小,稻田分布在有限的海拔低的河谷地带,其中云南省香格里拉、德钦和西藏自治区东部的芒康、墨脱等七县有水稻。由于生产条件差,水稻单产低而不稳,但有增产潜力。

我国北方稻区稻作面积常年只有3000万亩,约占全国水稻播种面积的6%,以下仅作概括性的介绍。

Ⅳ. 华北单季稻稻作区。位于秦岭、淮河以北,长城以南,关中平原以东,包括北京市、天津市、河北省、山东省、河南省和山西省、陕西省、江苏省、安徽省的部分地区,共457个市(县),水稻面积仅占全国的 3%。

Ⅳ$_1$. 华北北部平原中早熟亚区。

Ⅳ$_2$. 黄淮平原丘陵中晚熟亚区。≥10℃年积温为 3500～4500℃。水稻安全生育期 130～140 天。生长期间日照 1200～1600 小时,降水量 400～800 毫米。冬春干旱,夏秋雨多而集中。北部海河、京津稻区多为一季中熟粳稻,黄淮区多为麦稻两熟,多为籼稻。稻瘟病、二化螟等的危害较重。今后,要发展节水种稻技术,对稻田实行综合治理。

Ⅴ. 东北早熟单季稻稻作区。位于辽东半岛和长城以北,大兴安岭以东,包括黑龙江省、吉林省全部和辽宁省大部分地区及内蒙古自治区东北部,共 184 个县(旗、市),水稻面积仅占全国的 3%。

Ⅴ$_1$. 黑吉平原河谷特早熟亚区。

Ⅴ$_2$. 辽河沿海平原早熟亚区。≥10℃年积温少于 3500℃,北部地区常出现低温冷害。水稻安全生育期 100～120 天。生长期间日照 1000～1300 小时,降水量 300～600 毫米。品种为特早熟或中、迟熟早粳。稻瘟病和稻潜叶蝇等的危害较重。近几年来,水稻种植扩展很快。今后要加快三江平原建设,继续扩大水田,完善寒地稻作新技术体系,推广节水种稻技术。

Ⅵ. 西北干燥区单季稻稻作区。位于大兴安岭以西,长城、祁连山与青藏高原以北。银川平原、河套平原、天山南北盆地的边缘地带是主要稻区,水稻面积仅占全国的 0.5%。

Ⅵ$_1$. 北疆盆地早熟亚区。

Ⅵ$_2$. 南疆盆地中熟亚区。

Ⅵ$_3$. 甘宁晋蒙高原早中熟亚区。≥10℃年积温为 2000～5400℃。水稻安全生育期 100～120 天。生长期间日照 1400～1600 小时,降水量 30～350 毫米,种稻完全依靠灌溉。基本为一年一熟的早、中熟耐旱粳稻,产量较高。稻瘟病和水蝇蛆为害较重。旱、沙、碱是三大障碍,所以要推行节水种稻技术,增施农家肥料,改造中低产田。

### 3. 浙江水稻种植区划简介

(1) 杭嘉湖平原单季粳稻区。主要包括杭州市市区、淳安县、富阳市、建德市、临安市、桐庐县;嘉兴市、海宁市、海盐县、嘉善县、平湖市、桐乡市;湖州市市区、德清县、安吉县、长兴县。本区属热量中等、半干燥气候生态型,≥10℃的稻作期为 217～222 天,年积温 4772～4960℃。水稻生长季(5～10 月)降水量 734.3～905 毫米。该区水稻面积占浙江省水稻种植面积的 28.1%,是浙江省水稻主产区。该区以单季稻为主,面积占水稻总面积的 90.4%;早、晚稻面积分别占 1.7% 和 7.9%;直播稻面积 242.9 万亩,占浙江全省直播稻面积的 63.8%。其中,杭州市 80.0 万亩,占水稻种植面积的 52.1%,主要分布在杭州市市区、富阳市和桐庐县;嘉兴市直播稻 106.7 万亩,占 54.1%,主要分布在平湖市、海宁市、嘉善县、桐乡市、海盐县;湖州市直播稻面积 56.18 万亩,占 38.9%,主要分布在湖州市区、德清县、长兴县和安吉县。

(2) 宁绍平原单双季籼粳稻区。主要包括宁波市市区、慈溪市、奉化市、宁海县、象山县、余姚市;舟山市市区、岱山县、嵊泗县;绍兴市市区、上虞市、绍兴县、嵊州市、新昌县、诸暨市。本区属热量中等、半湿润半干燥气候生态型,≥10℃的稻作期为 221～227 天,年积温 4841～4855℃。水稻生长季(5～10 月)降水量 800～900 毫米。该区水稻面积占浙江省水稻种植面积的 20.7%,是浙江省水稻高产区。早、中、晚稻面积分别占 18.0%、56.3% 和 25.7%。连作早、晚稻面积占浙江全省的 24.2% 和 26.9%。直播稻面积 82.98 万亩,约占浙江全省直播稻面积的 21.8%;抛秧面积 30.46 万亩,约占 43.3%。宁波市水稻抛秧面积 19.1 万亩,占其水稻面积的 14.5%,主要分布在宁波市市区、余姚市、奉化市。绍兴市直播稻面积 46.3 万亩,占其水稻面积的 28.0%,主要分布在诸暨市、绍兴县、上虞市;绍兴市抛秧面积 11.4 万亩,占其水稻面积的 6.9%,主要分布在诸暨市和上虞市。

(3) 温台沿海平原单双季籼稻区。主要包括温州市市区、苍南县、洞头县、乐清市、平阳县、瑞安市、泰顺县、文成县、永嘉县,台州市市区、临海市、三门县、天台县、温岭市、仙居县、玉环县。本区大于≥10℃的稻作期为 231～242 天,年积温 5053～5425℃。水稻生长季(5～10 月)降水量在 1000 毫米以上。但该区易受台风侵袭,属热量充裕、半湿润气候生态型。该区水稻面积占浙江省水稻种植面积的 20.0%。早、中、晚稻面积分别占该区水稻面积的25.6%、43.9%和30.4%。连作早、晚稻面积分别占浙江全省的33.2%和30.7%。水稻旱育秧面积73.8万亩,占浙江全省的21.7%。温州市旱育秧面积33.9万亩,占其水稻面积的17.0%,主要分布在瑞安市、苍南县。台州市旱育秧面积39.9万亩,占其水稻面积的27.0%,主要分布在仙居县、温岭市和三门县。

(4) 金衢盆地单双季籼稻区。主要包括金华市市区、东阳市、兰溪市、磐安县、浦江县、武义县、义乌市、永康市、衢州市市区、常山县、江山市、开化县、龙游县。本区≥10℃的稻作期为226~230天,年积温5074~5287℃。水稻生长季(5~10月)降水量840~968.3毫米。该区伏旱、秋旱较为突出,属热量充裕、半湿润半干旱干燥气候生态型。该区水稻面积占浙江省水稻种植面积的17.5%。早、中、晚稻面积分别占该区水稻面积的28.0%、44.6%和27.4%。连作早、晚稻面积占浙江全省的31.8%和24.3%。水稻旱育秧面积151.7万亩,占浙江全省的44.6%。金华市旱育秧面积71.2万亩,占其水稻面积的42.8%,主要分布在东阳市、兰溪市、义乌市、永康市和浦江县。衢州市旱育秧面积80.5万亩,占其水稻面积的51.6%。

(5) 浙西南丘陵山区单季籼稻区。主要包括金华市磐安县、浦江县、永康市的部分;温州市泰顺县、文成县、永嘉县的部分;丽水市市区、缙云县、景宁畲族自治县、龙泉市、青田县、庆元县、松阳县、遂昌县、云和县。水稻主要分布在河套盆地和丘陵山区的斜坡梯田。本区≥10℃的稻作期为230~243天,年积温5120~5475℃。水稻生长季(5~10月)降水量813.7~1084.6毫米,雨量充沛。但该区伏旱、秋旱比较明显,属热量充裕、半湿润半干旱气候生态型。该区水稻面积占浙江省水稻种植面积的10.4%。早、中、晚稻面积分别占该区水稻面积的9.1%、80.0%和10.9%。水稻旱育秧面积46.8万亩,占浙江全省的13.8%,丽水市水稻旱育秧占其水稻面积的43.2%,主要分布在龙泉市、庆元县、松阳县、景宁畲族自治县、丽水市市区和遂昌县。

(6) 浙西北丘陵山区单季籼粳稻稻区。主要包括杭州市淳安县、临安市、桐庐县、建德市的部分,湖州市安吉县的部分,衢州市开化县、

常山县的部分。本区≥10℃的稻作期为223～229天,年积温4927～5271℃。水稻生长季(5～10月)降水量750～1100毫米。该区存在秋旱威胁,属热量中等、半湿润半干燥气候生态型。该区水稻面积占浙江省水稻种植面积的3.3%。早、中、晚稻面积分别占该区水稻面积的7.5%、85.5%和7.0%。

# 二、水稻品种选择与优良品种介绍

## （一）品种选择要求

### 1. 品种选择原则

品种是水稻生产的主导因素，合理利用品种是夺取水稻丰收和实现农民增收的关键。水稻品种的选用必须遵循以下原则：

（1）坚持优质与高产兼顾的原则。优质与高产的统一是农民增收的需要，也是城乡居民生活水平提高的需要。因此，选择、推广、应用的水稻新品种时，必须选用优质与高产兼顾的品种，实现水稻生产的高效。

（2）坚持优质、高产与抗性兼顾的原则。各地在选用品种时，应根据当地稻作的实际情况选用品种，既不能片面地追求抗性而影响优质水稻产业的发展，也不能一味追求品质而忽视抗性，以致产量不稳。

（3）坚持因地因稻作方式制宜的原则。浙江省位于籼粳交界之处，浙北以粳稻为主，浙南以籼稻为主，且各地的稻作方式也不尽相同，各地在选用品种时，要根据当地的实际情况选用相应的品种。

（4）坚持试验、示范、推广的原则。一个新品种是否适宜在本地种植，必须经过2～3年的多点试验、示范，决不能违反引种程序，乱引乱种，未经过试验、示范的品种不得直接推广应用。

### 2. 新品种引进原则

从外地引进新的水稻品种进行种植，叫做水稻引种。引种具有投资少而收效快的优点。引进水稻新品种时应注意以下几点：

（1）北种南引，即低纬度地区从高纬度地区引种，生育期会相应缩短，应选择生育期较长的中迟熟品种。作早稻栽培，应适当早播；作晚稻栽培，适宜迟播。

（2）南种北引，即高纬度地区从低纬度地区引种，生育期会相应延长，因此，华南地区的早熟早籼品种，可以引种到长江流域作中、迟熟早稻栽培，华南地区的中、迟熟早籼，可以引种到长江流域作一季中稻或连作晚稻栽培。

（3）纬度相近，高、低海拔地区间的引种原则与海拔相近，高、低纬度地区的引种相似，但应注意籼粳稻带分布，如云南省川稻区在海拔1800米以上，一般仅宜一季粳稻栽培；中等海拔地区一般为籼粳混合稻区，低海拔地区多为籼稻栽培区。

（4）遵循上述原则引种的品种，还应与当地推广品种进行对比试验，再从中选择表现优良者在较大面积上进行试种示范，以确定其推广应用价值。

（5）在引种时还应特别重视检疫工作，以防止检疫性病虫传播。

## 3. 种子质量要求

所谓水稻良种，一是要有优良种性，包括高产、抗病虫、抗逆、生育期适中和品质优等特性；二是要种子优良，具有本品种特性，即种子真实，纯净一致，清洁干净，饱满充实，发芽健壮整齐，无种传病害，干燥耐储藏。外观饱满、金黄色、无病斑、无杂质。

杂交水稻种子的标准是：一级种纯度不低于98.0%，净度不低于98.0%，发芽率不低于80%，水分不高于13.0%；二级种纯度不低于96.0%，净度不低于98.0%，发芽率不低于80%，水分不高于13.0%。

常规水稻种子的标准是：原种纯度不低于99.9%，净度不低于98.0%，发芽率不低于85%，籼稻的水分不高于13.0%，粳稻的水分不高于14.5%；良种纯度不低于98.0%，净度不低于98.0%，发芽率不低于85%，籼稻的水分不高于13.0%，粳稻的水分不高于14.5%。

### 4. 品种布局要求

水稻品种的布局应根据水稻生长发育对热、水、光条件的要求,以气候资源作为主要依据,按照因地制宜布局水稻品种的原则,参照地势、地形、地貌等地理因子和稻作种植制度的演变情况,综合考虑气候灾害、水稻安全齐穗期、茬口衔接等因素。

浙江省的水稻品种布局:浙北杭嘉湖宁绍地区以单季晚稻为主,主攻食用优质晚粳稻;浙中、浙南金衢丽和温台地区维持一定的双季稻面积,以种植籼稻为主,并按照口粮、加工工业用粮、饲料粮等用途多样化要求优化品种结构。如早稻以种植适合工业加工的直链淀粉含量较高、圆粒型的品种以及适合作饲料粮的蛋白质含量高的、高产品种为主,并搭配部分食用优质早籼品种;晚稻则扩大应用食用优质杂交籼稻。

## (二) 高产优质品种介绍

### 1. 早稻品种介绍

(1) 杭959。

品种来源:杭8820×早粳4号。

审定情况:2000年通过浙江省农作物品种审定委员会审定。

特征特性:杭959全生育期为107.5天,比对照浙852迟1~2天,属中熟类型。秧龄弹性较大,苗期耐寒性强,抛秧或直插秧苗健壮,烂秧少。株高适中,株形紧凑,分蘖力强,后期青秆黄熟。茎秆粗壮,耐肥抗倒,较适宜作抛秧或直播种植。穗形中等,着粒较密,谷粒黄亮,较抗穗上发芽。在杭州地区作三熟茬口栽培,平均有效穗为415.5万穗/公顷,每穗总粒数80~103粒,千粒重24克,结实率85%。经浙江省农业科学院植物保护与微生物研究所鉴定,对稻瘟病的抗性优于对照嘉育293。据国家农业部稻米制品质量监督检验测试中心检验结果,其中精米率(73.8%)、碱消值(7.0级)、蛋白质含量(12.9%)三项指标达部颁食用优质米一级标准;糙米率(82.9%)、粒长(5.5厘米)、直链淀粉含量(23.6%)三项指标达部颁食用优质米二级标准,系浙江省工业加工和饲用的优质早籼新品种,适合在工业发酵、营养米粉和饲料等方面专用。

产量表现:1997~1998年参加杭州市区域试验,比对照浙852和嘉育293分别增产10.9%和7.0%,差异均达显著水平;1998年参加金华市区域试验,比对照浙733增产7.0%,差异达显著水平。在生产示范中表现也较好,1997年在杭州市余杭区云会乡试种0.83公顷,经杭州市农业局组织专家测产验收,平均单产8361千克/公顷,比对照嘉育293增产10.5%。2002年富阳市步桥村全国种粮大户沈永祥连片直播种植6.82公顷,平均单产6037.5千克/公顷,比邻田其他品种平均增产1458千克,增幅31.8%。2004年在国家级水稻新品种示范基地诸暨市王家井镇会义桥村,种粮大户俞德苗抛秧种植的24公顷杭959平均单产达6375千克/公顷,比当地全市平均产量高1050千克/公顷。

栽培要点:

①培育壮秧,适龄移栽。杭959秧田播种量为525千克/公顷,大田用种量为90千克/公顷。浸种前用402杀菌剂消毒。杭州地区一般在3月底、4月初播种,采用地膜覆盖,秧龄以30天为宜。抛秧栽培秧龄宜短,冬闲田或绿肥茬在20天左右,春粮茬在15天以内,每盘播种量以干种子计算为70~75克,育足1000~1100盘壮秧。直播栽培用种量为60千克/公顷,划畦匀播,开好丰产沟。

②合理密植,匀株浅插。杭959要求每公顷移栽45万丛,每丛插带蘖壮秧4本,落田苗在180万~225万本左右,使最高苗数达到570万株,有效穗数达420万穗。抛秧栽培要求均匀足苗,抛栽45万~50万丛,每丛3~4株壮秧,落田苗在150万本左右。

③科学肥水管理。栽后2~3天内要求深水护苗,以后做到浅水促分蘖,进入分蘖高峰期后干湿交替。施肥做到"前促、中稳、后控",基肥50%、苗肥40%、穗肥10%。

④防治病虫害。杭959较抗稻瘟病,重点应做好二化螟、三化螟、稻纵卷叶螟及纹枯病的防治。栽后5~7天结合追肥进行化学除草。

以阔叶杂草为主的农田,施10%苄黄隆15克/亩;以禾本科杂草为主的农田,施50%杀草丹乳油150毫升/亩;两类杂草共生的农田可用丁草胺加苄黄隆混施,施药后保持2～3厘米水层3～4天。直播田在耕前3～7天,每亩用10%草甘膦500毫升或克无踪150～200毫升均匀喷雾,以消灭老草;播后2～4天,待秧苗扎根、排干水后,每亩用40%直播净可湿性粉剂45～60克(兑水50千克)均匀地喷雾;施药后2天内保持田坂湿润,2天后灌水。施药时应避开30℃以上的高温天气,以防止药害。

适宜区域:适宜在杭州市、金华市及生态类似区作早稻种植。

选育单位:杭州市农业科学研究院农作物研究所。

(2) 金早47。

品种来源:中87-425×陆青早1号。

审定情况:2001年通过浙江省农作物品种审定委员会审定。

特征特性:全生育期约110天,属中熟偏迟,对温度反应较敏感。株高82.5厘米,剑叶挺直,茎秆粗壮,耐肥抗倒,分蘖力中等,每亩有效穗20万～22万穗,穗大粒多,着粒较密,每穗总粒数120粒左右,结实率80%左右,千粒重25克。剑叶功能期长,熟色好,纹枯病较轻,较抗稻瘟病,中抗细条病,中感白叶枯病、褐稻虱和白背稻虱。蛋白质含量达10.9%,直链淀粉含量高,是加工粉干、工业用粮和饲用的优质品种。

产量表现:金华市1998年和1999年两年早稻区试平均单产分别为460.5千克/亩和449.0千克/亩,比对照浙733分别增产8.99%(差异达显著水平)和14.25%(差异达极显著水平)。2000～2002年在浙江省金华市、衢州市、丽水市、绍兴市、台州市、温州市等地进行各级试验及示范推广,普遍表现良好。一般亩产450千克左右,高产田达500千克以上,可比同熟期品种浙733增产10%以上。作直播栽培,更能发挥其穗大粒多的高产潜力:2000年金华市良种场10.4亩直播稻,平均亩产534.4千克;东阳市蔡卢村125亩直播稻,平均亩产491千克。2001年东阳市蔡卢村国家级早稻新品种示范区1021亩金早47直播稻,经省、市专家验收,平均亩产486.7千克,其中高产田达573.1千克。2002年金华市婺城区长山乡宋家村国家级早稻新品种丰产示范区的1070亩金早47直播稻,经金华市农业局组织专家验收,平均亩产450千克,最高亩产达535.3千克。

栽培要点:

①播前认真做好种子消毒处理,培育适龄壮秧。金早47幼苗期较易感染恶苗病,其种子必须经402或浸种灵等药剂浸种消毒36～48小时。绿肥田早稻宜于3月底、4月初播种。尼龙覆盖或温室塑盘育秧,秧龄25～30天;若旱育秧,可适当提前播种。作春花田早稻,4月10日左右播种,秧田亩播种量控制在35～40千克,秧龄在30天以内,育成带蘖壮秧。作直播稻,宜在4月8～12日播种,散直播亩用种量4～5千克,点直播亩用种量5～6千克。

②合理密植,增丛增穗。宜于4月中下旬抛秧、移栽。插秧密度以16.5厘米×20厘米为宜,亩插2万丛以上,每丛4～6本;抛秧每亩应抛足10万～12万本基本苗;点直播密度以16.5厘米×20厘米为宜。

③科学施肥,早管促早发。一般亩施标准肥2500～3000千克,配施磷、钾肥,做到基肥足,分蘖肥早,穗肥巧,以达到前期促蘖争足穗,中期壮株孕大穗,后期保粒重。施直播稻应掌握纯氮用量12千克左右,配施过磷酸钙20～25千克、氯化钾5～7.5千克,氮肥4期用量比例以45:35:15:5较为适宜。

④加强水浆管理,防治病虫草害。直播田块应掌握"湿润出苗,浅水分蘖,多次轻搁,水层养胎抽穗,灌浆期间歇灌溉"的原则,多次轻搁、烤田,协调群体结构,提高成穗率,灌浆期干湿较替,达到养根保叶壮籽,防早衰、倒伏。化学除草采取"一封、二杀、三补"的方法。"一封"是翻耕前用10%草甘膦水剂喷洒或前3天用50%丁草胺乳油封杀,"二杀"是在秧苗二叶一心期到三叶期用专用除草剂除草,"三补"是对残留下来的杂草辅以人工拔除。抛秧田块要在抛后开好平畦水缺,防止雨天积水浮苗,以利秧苗扎根立苗;抛秧4～5天后,应灌水施除草剂和促蘖肥,4～5天后放浅水促进分蘖;当每亩苗数达到穗数的80%时,应挖通丰产沟,及时多次搁、烤田,控制群体,防止倒伏。及时做好二化螟、稻纵卷叶螟、纹枯病等防治工作,成熟后适时收割。

适宜区域:适宜在金华市、丽水市及生态类似区作早稻种植。

选育单位:金华市农业科学研究院。

(3) 甬籼57。

**品种来源**:嘉育143/G95-40-3。

**审定情况**:2003年通过浙江省农作物品种审定委员会审定。

**特征特性**:甬籼57属中熟早籼,在宁波地区全生育期为107.7天,与嘉育293相仿。株形紧凑、合理,叶短、挺直且厚,穗形着粒密度较高,穗半弯,独具特色。株高80.1厘米,茎秆粗壮,耐肥,后期青秆黄熟,分蘖中等偏强,成穗率较高,穗形较大,结实率和千粒重均较高。据宁波市两年早籼区试统计,每亩有效穗23.33万穗,成穗率80.52%,每穗总粒数106粒,实粒数89.3粒,结实率84.25%,千粒重26.6克(嘉育293为24.0克)。甬籼57对叶瘟抗性平均2.3级,对穗瘟抗性平均3.3级,抗稻瘟病性能明显优于嘉育293。甬籼57谷粒卵形,长宽比2.0,外观米质与嘉育293相仿。该品种的精米率、整精米率、碱消值、蛋白质含量符合国家优质食用稻米一级标准,糙米率、胶稠度符合二级标准,具有直链淀粉含量和整精米率较高的特点,宜作工业和储备用粮。

**产量表现**:2001年和2002年参加宁波市早籼稻区域试验,亩产分别为487.0千克和490.2千克,比对照嘉育293分别增产3.62%和4.83%,其中2002年差异达极显著水平。2003年参加宁波市早籼生产试验亩产499.2千克,比对照嘉育293增产6.18%。2001年开始多点试种,至2003年,试种面积达5000亩左右,各试种点反映一直较好。如2002年余姚市东北街道试种面积扩大到516亩,据250亩甬籼57的实产调查,平均亩产486千克,比同地调查的160亩嘉育293平均亩产442千克增产近10%,其中永丰村郑宝海直播栽培的15亩,平均亩产514千克;抛栽12亩,平均亩产505千克,分别比相邻田块直播、抛栽的嘉育293增产10.3%和10%。2003年在绍兴市越城区鉴湖镇大田对比试验中,6亩的对照金早47亩产390千克,6.4亩甬籼57亩产430千克,比对照增产10.26%;在诸暨市王家井农业园区大田对比试验中5亩的对照嘉育293亩产462千克,5亩甬籼57亩产515千克,比对照增产11.50%,位列5个参试品系(种)产量首位。

栽培要点：

①适时播种，培育壮秧。在宁绍地区，手插和抛秧栽培的在3月底、4月初播种，直播栽培的在4月13日左右(日平均气温基本恒定，为≥15℃)播种。根据不同的栽培方式确定播种量：手插栽培秧田播种量在30～40千克/亩(干谷)，秧本比为1:8～1:10；抛秧栽培的每盘播种60～70克(干谷)；直播栽培播种量为4.5千克/亩左右(种子发芽率为100%的干谷)为佳。

②适时移栽，合理密植。秧龄控制在25～30天，切忌过长。栽插密度为16.7厘米×16.7厘米，每穴栽3～5本；抛秧栽培的亩抛70只秧盘苗；直播栽培播时保证基本苗10万本/亩以上。

③科学施肥，合理灌溉。获得甬籼57高产稳产的，每亩大田施纯氮总量为14.0千克左右，每亩冬闲田施碳酸氢铵50千克，拌过磷酸钙25千克作基肥；前茬为绿肥的，用绿肥1500千克，基肥碳酸氢铵减少到30～40千克，过磷酸钙25千克。移栽后7天左右施尿素10～12千克、氯化钾7.5千克。直播栽培的在播后15～20天内施尿素9千克，氯化钾7.5千克。搁田后看苗施保花肥，最多施尿素2.5千克。手插栽培的要浅水插秧，插后深水护苗3～5天，以后以浅灌为主。抛秧栽培的要薄水抛栽，抛后3～4天内畦面保持浅水层，以促扎根，当稻苗基本扎根后灌浅水。直播栽培的在二叶一心期后上水，以浅灌为主，当总苗数达到目标穗数的80%后搁田。后期浅灌勤灌，灌浆后干干湿湿，至收获前5天断水。

④防治病虫害。前期主要是一代螟虫，常年5月下旬至6月上旬发生，特早年份5月中旬末发生，根据虫量和稻苗情况防治1～2次，防治适期为低龄幼虫高峰期；适用药剂：每亩用18%杀虫双水剂150毫升，或5%锐劲特悬浮剂30～40毫升，或70%杀虫胺可溶性粉剂50～70克兑水50千克喷雾。中期主要是纹枯病，常年为6月下旬，每亩用20%井冈霉素可湿性粉剂25克加水50千克喷施。后期往往为稻纵卷叶螟、二代二化螟、纹枯病混合发生，常年防治期为7月上中旬；每亩用40%新农宝乳油50～100毫升加20%井冈霉素可湿性粉剂25克加水喷施，可兼治稻纵卷叶螟、螟虫、稻螟蛉、蓟马、纹枯病等病虫；具体防治

时间要根据当地植保部门的病虫情预报。

适宜区域:适宜在宁波市、绍兴市及生态类似地区作早稻种植。

选育单位:宁波市农业科学研究院。

(4) 中早 22。

品种来源:Z935/中选 11 体细胞无性系变异技术处理。

审定情况:2004 年通过浙江省农作物品种审定委员会审定。

特征特性:中早 22 全生育期 112～115 天,比对照嘉育 293 和浙 733 长 2～4 天;苗期耐寒性较好,叶片挺直,分蘖力中等,生长势旺盛,后期青秆黄熟;株高 92～95 厘米,茎秆粗壮,耐肥、抗倒;平均每穗总粒数 120～150 粒,结实率 70%～80%,千粒重 28 克,是一个适合工业加工的专用型高产新品种。中抗稻瘟病,抗白叶枯病,中抗白背飞虱,大面积种植抗病抗逆性强。

产量表现:2001～2002 年参加江西省早稻区域试验,平均单产为 451.2 千克/亩,与早杂对照优 I 402 持平产。2002 年参加"浙江省优质专用水稻新品种选育与产业化"协作组 6 点联合品比试验,平均单产为 410.51 千克/亩,比对照嘉育 293 增产 5.73%。2002～2003 年参加浙江省衢州市和金华市区试,两年平均单产分别为 456.75 千克/亩和 428.25 千克/亩,分别比对照嘉育 293 和浙 733 增产 9.02% 和 6.15%,差异均达极显著水平。浙江省科技厅于 2005 年 7 月 16 日组织专家对浙江省江山市贺村镇花园村中早 22 百亩示范片进行产量验收,示范片平均单产为 617.7 千克/亩;实割的一块田,面积为 746.7 平方米,单产高达 693.7 千克/亩,创造了长江中下游稻区双季早稻产量的最高记录。

栽培要点:

①种子选择处理。选用谷粒饱满均匀、无病虫、发芽正常的种子作为生产用种,浸种催芽时以浸种灵等杀菌药剂浸种,预防苗期病害发生。

②适时播种。各地根据当地气候情况及时播种,一般在日平均温度大于 10℃ 后播种,旱育秧和薄膜覆盖的可适当早播,直播栽培播种时的日平均温度应稳定在 15℃ 以上。

③稀播壮秧。一般每亩秧田播种量为 30～35 千克,用种量为 5～

6 千克;秧龄 28～30 天。

④合理密植。中早 22 分蘖力中等偏弱。一般提倡适当密植,株行距为 16.5 厘米×16.5 厘米,每亩栽 2.4 万丛,基本苗 8 万～12 万本/亩。

⑤合理施肥。施足基肥,早施追肥,基肥以有机肥为主,适当增施磷、钾肥;适施穗肥,提高结实率和千粒重。

⑥水浆管理。在分蘖盛期及时晒田控蘖,注意搁透以控制株高;幼穗分化期进行灌水防低温,后期采用湿润灌溉,防止断水过早以保证充分结实灌浆。

⑦防治病虫。分蘖期至始穗期要及时防治螟虫的危害,扬花灌浆期至成熟期注意防治纹枯病和飞虱的危害。

适宜区域:适宜在衢州市、金华市及生态类似区作早稻种植。

选育单位:中国水稻研究所。

(5) 嘉育 253。

品种来源:G 96-28-1/G 96-143。

审定情况:2005 年通过浙江省农作物品种审定委员会审定。

特征特性:全生育期 110 天左右,比对照嘉育 280 迟 2～3 天,属中熟品种。苗期耐寒性较强,秧龄弹性大,生长旺盛,株形紧凑。叶色深绿,叶片长而挺直,株高 84.3 厘米;茎秆粗壮,耐肥抗倒,田间穗层整齐,后期转色好。手插栽培每亩有效穗 20 万穗左右,直播、抛秧每亩可达 25 万穗左右,成穗率 74.9%,穗长 17.8 厘米,每穗总粒数约为 140 粒,结实率 75%,千粒重 26.0 克。经浙江省农业科学院植物保护与微生物研究所鉴定,对叶瘟抗性平均 1.5 级,对穗瘟抗性平均 2.9 级,稻瘟病抗性明显优于对照嘉育 293;对白叶枯病抗性 7.0 级。该品种米粒短圆,属直链淀粉含量高的优质加工、储运专用早籼品种。

产量表现:2002 年参加浙江省"9410"联品,亩产 429.73 千克,比对照嘉育 293 增产 10.68%。2003、2004 年参加浙江省区试,亩产分别为 505.06 千克和 495.6 千克,分别比对照嘉育 293 增产 8.5%、8.1%,差异达显著、极显著水平,名列 2003、2004 年区试品种首位。2005 年参加浙江省生产试验,亩产 505.7 千克,比对照嘉育 293 增产 5.9%。大田示范增产非常显著,据余姚市 33.2 公顷典型田块实产统计,平均亩产

497.8千克,比嘉育143增产9.4%。

栽培要点:

①适当早播。嘉育253苗期耐寒性较好,手插、抛秧播期可提早到3月底、4月初。盲籽播种应做到秧板软硬适中,落谷后不要塌谷,以防缺氧烂种。手插、直播亩用种量4~5千克,抛栽6千克。秧龄手插30~35天,抛栽25~30天。

②匀株密植。嘉育253穗形大、分蘖中等,争穗是高产关键。手插密植规格为20厘米×20厘米,亩基本苗8万~10万本,争取亩有效穗达20万穗左右;抛秧、直播亩有效穗达25万穗左右。

③合理施肥。应采用以基肥为主,早施追肥,增施磷、钾肥,看苗补施穗肥的施肥方法,防止后期施氮过多,导致贪青、迟熟甚至倒伏的危险。一般亩基肥用碳酸氢铵40~50千克、磷肥25千克。栽后7~10天亩施尿素10千克、钾肥5千克,以后看土壤肥力、苗色、气候酌情施穗肥。

④科学管水。前期水浆管理与同类品种相仿,但嘉育253株型相对高大、繁茂,其蒸腾作用较强,灌浆时间长,且穗型大,因而后期务必保持湿润灌溉,切忌断水过早,以促进基部籽粒灌浆饱满。

⑤防治病虫。在稻瘟病常发地区或后期贪青田块栽培仍应注意稻瘟病、白叶枯病的防治。具体的病虫防治应根据当地农技部门的病虫情报。

适宜区域:适宜浙江全省作早稻种植。

选育单位:嘉兴市农业科学研究院、余姚市种子管理站。

## 2. 连作晚稻品种介绍

(1) 秀水03。

品种来源:秀水110/嘉粳2717//秀水110。

审定情况:2005年2月通过浙江省农作物品种审定委员会审定。

特征特性:秀水03属短秧龄特早熟晚粳类型品种,作连作晚稻,全生育期120~125天。秀水03系长密穗型粳稻类品种,叶色青淡,叶片细挺,生长整齐,株形紧凑,植株高78~80厘米,剑叶直立,茎秆坚韧、株高适宜,分蘖较强,穗数较多,穗颈较硬,穗形中等,灌浆速度快、充实度好,谷粒长短适度,后期熟相清秀,易脱粒,有效穗360万~390万穗/公顷,每穗总粒数85~95粒,结实率90%以上,千粒重25克左右。秀水03中抗稻瘟病、白叶枯病,感褐稻虱,大田生产表现稻瘟病和白叶枯病抗性好。秀水03在12项米质指标中,除粒长、垩白率2项外,有9项指标达部颁优质米一级标准,1项(垩白度)达二级标准。外观米质较透明晶亮,蒸煮食味较好,是近年来米质较优、综合性状较好的品种之一。

产量表现:秀水03参加2002、2003年嘉兴市双季晚稻区试,平均产量分别为7.022吨/公顷和6.638吨/公顷,分别位居当年参试品种第1、2位,比对照秀水390增产3.56%和3.44%,差异均达极显著水平。2004年参加嘉兴市双季晚稻生产试验,平均产量为7.428吨/公顷,比对照秀水390增产4.21%。

栽培要点:

①适时播栽。秀水03作连作晚稻种植,7月5~10日播种,播种量750~900千克/公顷,大田用种量90千克/公顷,7月下旬至8月初移栽,秧龄20~25天。

②合理密植。作连作晚稻种植,行株距16.7厘米×13.3厘米,栽45万丛/公顷左右,每丛插4本,基本苗180万~225万本/公顷。

③科学施肥。作连作晚稻种植,氮化肥折纯氮总量控制在180千克/公顷左右,并采用"前促中稳后补"施肥法。

④水浆调控。秀水03在水浆管理上,重点做到栽时防败苗,浅水促早发,适时烤搁田,抽穗灌浆期湿润灌水养老稻。

⑤防病治虫。秀水03对稻瘟病抗性较好,生产上重点要做好秧苗期稻蓟马、大田期稻纵卷叶螟、二化螟、三化螟、褐稻虱、灰飞虱及纹枯病和抽穗期稻曲病的防治工作,并注意田间杂草防除。同时要做到科学合理地施用农药,严防超标用药。

适宜区域:适宜在嘉兴市及生态类似区作晚粳稻种植。

选育单位:嘉兴市农业科学研究院。

(2) 浙粳 22。

品种来源:DP51653/Rathu Heena//浙粳 272。

审定情况:2006 年通过浙江省农作物品种审定委员会审定。

特征特性:浙粳 22 作连作晚稻种植,全生育期为 136.4 天,比对照秀水 63 长 1.8 天。植株高大、穗形大、每穗实粒数多、着粒密、千粒重高,但有效穗和结实率略低。作连作晚稻,经浙江省区域试验的平均有效穗为 291.0 万/公顷,成穗率 76.1%,株高 97.2 厘米,穗长 17.9 厘米,每穗总粒数 112.1 粒,实粒数 101.5 粒,结实率 90.5%,千粒重 27.0 克,着粒密度 6.3 粒/厘米。浙粳 22 对稻瘟病的抗性、抗倒伏性明显强于秀水 63,而对白叶枯病和褐飞虱的抗性略差于对照秀水 63。在品质上,浙粳 22 的碾磨品质和外观品质均好于对照秀水 63,胶稠度和蛋白质含量较秀水 63 略低,而直链淀粉含量较秀水 63 略高。

产量表现:参加浙江省水稻攻关协作组的连作晚稻联合品种试验,2002 年平均产量为 6.818 吨/公顷,综合性状(产量、抗性、米质等)评分列参试品种第 1 位;2003 年平均产量 6.815 吨/公顷,列第 1 位,比对照秀水 63 增产 8.2%,差异达显著水平。2004 年参加浙江省连作晚稻续试,平均产量为 7.845 吨/公顷,产量位居第 1 位,比对照秀水 63 增产 6.5%。

栽培要点:

①因地制宜,适期播种。在浙江省钱塘江以北地区作连作晚稻种植,播种期以 6 月 20 ~ 25 日为宜,钱塘江以南地区可因地制宜适当推迟。

②注意控制用种量。浙粳 22 分蘖力中等,稀播培育壮秧是获得高产保优的关键。秧田播种量不超过 450 千克/公顷,培育带蘖秧,秧龄宜短。大田用种量作连作晚稻一般为 45.0 ~ 52.5 千克/公顷,一般插 37.5 万丛/公顷,每丛插 3 ~ 4 本。

③科学用肥。作连作晚稻种植,总用肥量折纯氮为 187.5 千克/公顷,且须早施促早发、适施穗肥。后肥切忌过迟过重,否则易引起贪青、倒伏,并使稻米品质下降。

④注意水浆管理和病虫害防治。生育前期的水浆管理应以干干湿

湿为主,促进低节位分蘖。病虫害防治应使用低毒、低残留的农药。浙粳22为大穗、密穗型晚粳稻品种,在有些年份易感染稻曲病从而影响产量及品质,抽穗前57天可用瘟曲克星(又称瘟曲克敌,为20%的粉剂)粉剂1.5千克/公顷加水600~750千克喷雾,或施用爱苗等其他防治稻曲病的农药。

⑤把握适宜。浙粳22穗形大、着粒密,其穗基部的谷粒灌浆相对偏慢。这部分谷粒的成熟度很大程度上决定着稻米垩白率和垩白度指标,以及米饭的适口性。成熟后的收获时机对于经济产量的影响并不大,但对于稻米的品质有较大的影响,适当延迟收获可减少青米的比率,改善稻米品质和米饭的适口性。浙粳22作连作晚稻种植在11月5~10日收获较好,确保籽粒灌浆饱满,丰产丰收,提高稻米品质。

适宜区域:适宜浙江全省作晚粳稻种植。

选育单位:浙江省农业科学院。

(3) 绍糯9714。

品种来源:绍紫9012/绍糯45//绍间9///绍糯11。

审定情况:2002年通过浙江省农作物品种审定委员会审定。

特征特性:绍糯9714为中熟晚粳糯类型,对光周期反应较为敏感。作连作晚稻栽培,全生育期平均为132.3天,较秀水63长1.3天;作单季晚稻栽培,全生育期约为150天。作连作晚稻栽培,株高81厘米,半矮生型,主茎总叶数15叶,叶色淡绿,株形紧凑,剑叶挺直。分蘖中等,有效穗315万~330万穗/公顷,成穗率75%左右,穗长17.2厘米,每穗总粒数90粒,实粒数82粒左右,结实率91%,千粒重27.4克。后期熟色清秀,功能叶和根系活力强,耐肥抗倒性好。中抗稻瘟病、白叶枯病和细菌性条斑病。绍糯9714全部米质指标达部颁优质米二级标准。

产量表现:1999年参加浙江省连作晚稻区域试验,平均产量为5.938吨/公顷,居参试新品系第2位,比对照品种秀水63增产1.36%。2000年续试,平均产量为6.464吨/公顷,居参试品种(系)第1位,比对照秀水63增产0.39%。2001年参加浙江省连作晚稻生产试验,平均产量为6.951吨/公顷,比对照秀水63增产0.28%。绍糯9714在生产中也表现高产,如2000年,绍兴市种子公司在柯桥镇、湖塘镇示范6.33

公顷,平均产量为7.302吨/公顷;杭州市种子公司连片繁种示范0.867公顷,平均产量为7.125吨/公顷;宁波市种子公司繁种种植0.233公顷,平均产量为7.275吨/公顷;龙游县种子公司示范种植2.367公顷,平均产量为7.65吨/公顷。

栽培要点:

①适期播种,合理密植。绍糯9714作连作晚稻栽培,适宜播种期在6月25日左右,秧田播种量控制在600千克/公顷以内,在一叶一心期喷施多效唑,以培育矮壮多蘖秧苗。适宜秧龄30天左右,不超过40天。一般插足180万丛/公顷落田苗,每丛4~5本,以保证个体与群体间的协调统一。作单季晚稻栽培,适宜于5月下旬至6月初播种,大田插30万丛/公顷,每丛2本。

②做好肥水管理。大田施肥折纯氮用量为150~180千克/公顷,可适当增加钾肥和磷肥用量。田间灌水宜浅不宜深,分蘖前期自然落干,表土裸露1~2天,以增加土壤通透性,促进根系和分蘖生长;分蘖后期搁田宜轻不宜重,孕穗至扬花期应保持浅水灌溉;生育后期宜干干湿湿,使田面湿润,延长根系活力,利于灌浆结实。

③注意病虫害防治。秧田期应加强对白叶枯病的预防;本田期注意纹枯病、白叶枯病及各类虫害的防治;稻瘟病重发区须在破口期至齐穗期喷药,以防穗颈瘟的发生为害。

适宜区域:适宜浙江全省作晚粳糯稻种植。

选育单位:绍兴市农业科学研究院。

(4) 浙糯5号。

品种来源:R9682/丙9302杂交当代辐射。

审定情况:2004年通过浙江省农作物品种审定委员会审定。

特征特性:浙糯5号感光性强,生育期稳定,全生育期130~135天。株高85厘米左右,穗长16~18厘米,茎秆粗壮,株形紧凑,叶色深绿,叶片较大,剑叶距穗尖远,富有冠层。始穗至齐穗快,抽穗、扬花时间集中,后期生长清秀,穗形密集,着粒密度大,经济性状理想,稳产性好。浙糯5号分蘖率中等,成穗率高,每穗总粒数107~132粒,结实率89.6%,千粒重26~28克,每亩有效穗为15万~17万穗,穗粒结构合理,丰产性好。浙糯5号米粒圆白,容易晒变,富有光泽,饭软适口,商品外观好。据国家农业部米质中心检测,整米率、长宽比、碱消值、胶稠度、蛋白质含量均符合部颁一级米标准,属优质糯米品种。浙糯5号的抗性也较强,据浙江省农业科学院植物保护与微生物研究所人工接种和多点鉴定,中感白叶枯病、叶瘟0级、穗瘟1级。

产量表现:经2001年金华市连作晚稻区域试验,平均亩产为466.5千克,比对照秀水63增产5.9%,差异达极显著水平;2002年金华市连作晚稻区试平均亩产为486.0千克,比对照增产3.44%,差异达极显著水平;两年平均亩产为476.3千克,比对照增产4.6%。2003年参加金华市生产试验,平均亩产为390.0千克,比对照秀水63增产1.5%。2005年浦江县68.3亩连作晚稻的平均单产为481.1千克,比对照秀水63增产5.4%。

栽培要点:

①适时播种,培育壮秧。作连作晚稻种植,一般6月20~25日播种,秧龄30天,亩播种量30~40千克,本田用种量3~4千克。采用肥床半旱育秧方式,稀播育壮秧。

②少本密植,主攻穗粒。针对浙糯5号分蘖力中等、大穗大粒的特点,一般行株距23.3厘米×16.7厘米,每亩插足1.67万丛,每穴插2~3本,每亩插足基本苗7万~10万本,以充分发挥其个体生长优势,形成高产群体结构。

③合理施肥,肥水运筹。该品种茎秆粗壮,耐肥性好。栽培上要重视增施有机肥和钾肥,适当控制氮化肥用量。总用肥量掌握在中上施肥水平,采用"施足基肥,早施追肥,适施穗肥"的施肥法。一般施有机肥10吨/公顷、氯化钾150千克/公顷。总纯氮控制在160千克/公顷,要防止后期氮肥用量过多而影响灌浆结实。水浆管理上做到浅水插秧,深水护苗,浅水发棵。当苗数达到420万~450万/公顷时进行放水搁田,以控制无效分蘖发生,健根促蘖,提高成穗率。后期干湿交替,切忌断水过早,以利青秆黄熟。

④病虫草综防,健身栽培。播前要用浸种灵等药剂浸种。移栽后7天内结合施分蘖肥,及时做好各种杂草的化学防除。中期防治好螟虫、

稻虱、稻纵卷叶螟和纹枯病、稻曲病等病虫害。浙糯5号中感白叶枯病,所以台风过后要及时做好防治白叶枯病的防治工作。

适宜区域:适宜在金华市及生态类似地区作晚粳糯稻种植。

选育单位:浙江省农业科学院作物与核技术利用研究所。

(5) 金优987。

品种来源:金23A/恢987。

审定情况:2004年通过浙江省农作物品种审定委员会审定。

特征特性:株形较紧凑,株高101.6厘米左右,分蘖力中等,穗大粒多,青秆黄熟,丰产性较好。生育期适中,全生育期127天左右,每亩有效穗16.5万穗,每穗实粒数124.4粒,结实率78.0%,千粒重27.0克。中感稻瘟病,中抗白叶枯病。据2003年国家农业部稻米及制品质量监督检验测试中心测定结果显示,整精米率为62.5%,垩白粒率为59.0%,垩白度为12.3%,透明度为1.0级,胶稠度为52.0毫米,直链淀粉含量为26.6%,稻米外观品质、加工品质优于协优46。该组合穗长22~25厘米,剑叶上挺,长度为33厘米,每穗总粒数为150~180粒,每穗实粒数为130~140粒,结实率达80%左右,千粒重为27.6克。

产量表现:经2002年金华市杂交晚籼区域试验,平均亩产为482.9千克,比对照协优46增产6.4%,差异达极显著水平;2003年参加金华市杂交晚籼区域试验,平均亩产为512.0千克,比对照协优46增产6.4%,差异达极显著水平;两年平均亩产497.5千克,比对照增产6.4%。2004年参加金华市杂交晚籼生产试验,平均亩产为499.2千克,比对照增产12.8%。

栽培要点:

①适时播种,增育壮秧。与协优63相同,作单季稻种植6月初播种,秧龄30天左右;作连作晚稻种植,秧龄不超过35天。使用多效唑控苗促蘖,培育壮秧。

②合理密植,插足基本苗。作单季种植密度一般以26.7厘米×26.7厘米(8寸×8寸)为宜,争取亩有效穗达到18万穗左右,为高产打下基础。作连作晚稻种植密度以23.3厘米×23.3厘米(7寸×7寸)

为宜,在争取足穗的基础上,主攻大穗。

③肥水管理。根据金优987穗大粒多、二次灌浆明显的特点,肥水管理上要施足基肥,早施追肥,增施磷、钾肥,促进分蘖,提高茎秆硬度。中等肥力的田块基肥施有机肥500~750千克、复合肥30千克,移栽后5~7天亩施追肥尿素5千克、氯化钾5千克,酌情施穗肥,切忌氮肥过量。在水浆管理上采取深水活棵、浅水分蘖、中期适时晒田、抽穗扬花后干湿交替,后期保持干干湿湿。

④病虫害防治。根据当地病虫测报站的预测预报,及时防治。重视稻瘟病、纹枯病、螟虫、稻虱和稻纵卷叶螟等病虫害的防治。

适宜区域:适宜在金华市及同类生态区作连作晚稻种植。

选育单位:金华市婺城区三才农业技术研究所。

## 3. 单季晚稻品种介绍

(1) 秀水09。

品种来源:秀水110/嘉粳2717//秀水11。

审定情况:2005年通过浙江省农作物品种审定委员会审定。

特征特性:秀水09属中熟晚粳类型品种,感光性强,年度间生育期稳定。浙北地区作单季晚稻种植,齐穗期在9月8日前后,成熟期在10月底,全生育期159天左右,抽穗、成熟期比秀水63迟1天。秀水09系半矮生株型与长密穗相结合的库源协调型晚粳品种。叶色青绿,株高95厘米左右,总叶龄17~18叶,株形紧凑,剑叶直立,叶鞘包节,茎秆粗壮,耐肥抗倒,分蘖较强,穗数适宜,作单季晚稻种植,一般有效穗315万~360万穗/公顷,穗形大而偏长,穗颈较硬,着粒密度适中,每穗总粒数115~125粒,结实率90%~93%,千粒重26~27克,枝梗多且着粒均匀,灌浆充实度好,谷粒长短适度,谷色黄亮,后期熟相清秀。据浙江省农业科学院植物保护与微生物研究所2003年浙江省联合鉴定结果,抗稻瘟病,中抗白叶枯病,中感褐稻虱,大田生产表现稻瘟病和白叶枯病抗性好。在12项米质指标中,除粒长和垩白米率未达标、垩白度符合二级规定外,其余9项指标均达部颁优质粳米一级规定。外观米质晶亮透明,蒸煮食味较好,是近年来米质较优、综合性状较好的品种

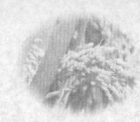

之一。

产量表现:2002 年和 2003 年参加嘉兴市单季晚稻区域试验,平均产量分别为 8.99 吨/公顷和 8.402 吨/公顷,居当年参试品种第 2 位和第 1 位,分别比对照秀水 63 增产 4.78% 和 8.0%,差异均达极显著水平。2004 年参加嘉兴市单季晚稻生产试验,秀水 09 平均产量为 9.185 吨/公顷,比对照秀水 63 增产 6.36%。秀水 09 在生产示范中表现有较好的丰产性:2003 年平湖市种子公司在曹桥镇石龙村示范 13 公顷,平均产量为 8.595 吨/公顷;2004 年秀洲区种子公司在新城区繁种 8.47 公顷,平均产量达 8.97 吨/公顷。

栽培要点:

①适时播栽,培育壮秧。浙北地区作单季晚稻(移栽)种植,5 月 20~25 日播种,秧田播种量 375~525 千克/公顷,本田用种量 37.5~45.0 千克/公顷,秧龄 30 天左右,育成带蘖壮秧,6 月下旬移栽。作瓜茬稻种植,视瓜田收获期决定播栽期,一般秧龄 30 天。宜作直播稻栽培,6 月上旬播种,播种量不超过 45 千克/公顷。

②宽行窄株,合理密植。秀水 09 分蘖较强,偏大穗,生产上不宜过度密植。一般作单季晚稻种植,行株距 23.3 厘米×13.3 厘米,插栽 30 万丛/公顷左右,每丛插 3 本,基本苗 75 万~105 万本/公顷。

③适氮增钾,科学施肥。秀水 09 较耐肥抗倒,栽培上要十分重视增施有机肥和钾肥,并适当控制氮化肥用量。一般要求施猪厩肥等有机肥 15 吨/公顷、氯化钾 150 千克/公顷,氮化肥折纯氮总量控制在 230 千克/公顷左右,基、苗、长粗、穗肥施用比例以 3:3:2:2 的"平稳促进法"为宜,注意后期施氮肥不宜过重。

④防病治虫,水浆调控。秀水 09 对稻瘟病抗性较好,生产上重点要做好秧苗期稻蓟马、稻纵卷叶螟,大田期稻纵卷叶螟、二化螟、三化螟、褐稻虱、纹枯病和后期稻曲病的防治工作。水浆管理上,栽时防败苗,浅水促早发,拔节前后(7 月中下旬)或当苗数达 450 万/公顷时及时分次适度烤田、搁田。抽穗灌浆期湿润灌水养老稻。注意搁田不可过度,后期切勿断水过早,以免影响成穗率和米粒品质。

适宜区域:适宜在嘉兴市及生态类似区作晚粳稻种植。

选育单位:嘉兴市农业科学研究院。

(2) 秀水03。

品种来源:秀水110/嘉粳2717//秀水110。

审定情况:2005年2月通过浙江省农作物品种审定委员会审定。

特征特性:秀水03属短秧龄、特早熟晚粳类型品种,感光性相对较强,年度间及晚稻不同播种期间生育期相对稳定。浙北地区作单季晚稻种植,齐穗期在9月初,成熟期在10月25日左右,全生育期153天左右,比秀水63成熟期早3~4天。秀水03系长密穗型粳稻类品种,叶色青淡,叶片细挺,生长整齐,株形紧凑,剑叶直立,茎秆坚韧,株高适宜,分蘖较强,穗数较多,穗颈较硬,穗形中等,结实率高,灌浆速度快、充实度好,千粒重高,谷粒长短适度,后期熟相清秀,易脱粒。作单季晚稻种植,株高95~98厘米。秀水03为穗粒兼顾型品种。作单季晚稻种植,有效穗330万~360万穗/公顷,每穗总粒数105~115粒,结实率93%左右,千粒重25~26克。据浙江省主要农作物抗性研究协作组2004年鉴定结果显示,秀水03中抗稻瘟病、白叶枯病,感褐稻虱,大田生产表现对稻瘟病和白叶枯病的抗性好。据国家农业部稻米及制品质量监督检验测试中心2003年米质检验结果显示,秀水03在12项米质指标中,除粒长、垩白率2项外,有9项指标达部颁优质米一级标准,1项(垩白度)达二级标准。外观米质较透明晶亮,蒸煮食味较好,是近年来综合性状较好的品种之一。

产量表现:2004年参加嘉兴市单季晚稻生产试验,平均产量为8.943吨/公顷,比对照品种秀水63增产3.57%。秀水03在各地试种示范中表现出较好的丰产性。2002年参加湖州市单季晚稻试种1.25公顷,平均产量为8.445吨/公顷,比对照秀水63增产2.93%。

栽培要点:

①适时播栽。秀水03在浙北地区作单季晚稻(移栽)种植,5月20日前后播种,秧田播种量375~525千克/公顷,本田用种量30~45千克/公顷,6月20日左右移栽,秧龄30天左右。

②合理密植。秀水03分蘖较强,具有穗粒兼顾的生长特性,生产上不宜过度密植。作单季晚稻种植,行株距为23.3厘米×13.3厘米,

插 30 万丛/公顷,每丛插 3 本左右,基本苗 90 万~105 万本/公顷。

③科学施肥。秀水 03 耐肥抗倒性中等,为确保其优质高产,栽培上要十分重视增施有机肥和钾肥,并适当控制氮化肥的施用量。一般施猪厩肥等有机肥 15 吨/公顷、氯化钾 150 千克/公顷。作单季晚稻种植,氮化肥折纯氮总量控制在 215 千克/公顷左右,基、苗、长粗、穗肥施用比例采用 3:3:2:2 的"平稳促进法",注意后期氮肥不宜过重。

④水浆调控。在水浆管理上,重点做到栽时防败苗,浅水促早发,适时搁田,抽穗灌浆期湿润灌水养老稻。一般要求单季晚稻拔节前后(7 月中旬)或当苗数达 450 万株/公顷时及时、分次、适度搁田,注意搁田勿过度,后期切勿断水过早,以免影响植株生长和米粒品质。

⑤防病治虫。秀水 03 对稻瘟病抗性较好,所以在生产上要重点做好秧苗期稻蓟马、二化螟、三化螟、大田期稻纵卷叶螟、褐稻虱、灰飞虱及纹枯病和抽穗期稻曲病的防治工作,并注意防除田间杂草。同时要科学合理地施用农药,严防超标用药。

适宜区域:适宜在嘉兴市及生态类似区作晚粳稻种植。

选育单位:嘉兴市农业科学研究院。

(3) 嘉 991。

品种来源:武运粳 7 号/水晶 1 号。

审定情况:2003 年通过浙江省农作物品种审定委员会审定。

特征特性:嘉 991 为中熟晚粳品种,感光性较强,年度间生育期稳定,全生育期 158 天左右。株高 105 厘米左右,总叶片 16~17 叶,茎秆较粗壮,韧性好,苗期生长较快,叶呈柳叶状,分蘖力强,生长清秀,成熟期转色好,谷粒色泽金黄,呈椭圆形,成熟较一致,无两段灌浆现象,较易脱粒,千粒重较高。嘉 991 为穗粒重协调偏密穗型品种。一般有效穗数为 315 万~345 万穗/公顷,每穗总粒数 105~110 粒,结实率 95% 左右,千粒重 27 克左右。高抗稻瘟病,中抗纹枯病和白叶枯病,稻曲病发生轻,抗逆性强。米质优,主要指标达国标一级优质米标准。

产量表现:该品种参加 2000、2001 年两年嘉兴市区域试验,平均亩产分别为 537.2 千克和 563.7 千克,分别比对照秀水 63 减产 4.38% 和增产 3.19%(差异均不显著),两年平均比对照种减产 0.60%。2002 年参加嘉兴市生产试验,平均亩产为563.03千克,比对照秀水63增产2.33%。2001年参加苏州市品比试验,平均产量为9999千克/公顷;同年大田示范种植47.5公顷,平均产量为9473千克/公顷。2002~2003年参加江苏省中熟晚粳组区试,平均产量分别为9312千克/公顷和8397千克/公顷,与对照武运粳7号持平;2004年参加江苏省单季晚粳稻生产试验,平均产量为9030千克/公顷。

栽培要点:

①适时稀播,培育壮秧。5月中下旬播种,播前药剂浸种并催芽,秧田净播量450千克/公顷,秧田要求平整,灌溉方便。每公顷秧田基肥施高浓度复合肥300千克,尿素225千克;二叶一心期施断奶肥(150千克尿素),以后看苗施肥促平衡。移栽前4~5天施尿素150千克,播种当天或隔天秧板喷除草剂,秧田病虫防治2~3次,药剂和人工除草1~2次。移栽前要求带1个以上大分蘖。

②合理密植。秧龄30~35天,行株距23.3厘米×(14.3~15.0)厘米或20.0厘米×(16.7~18.3)厘米,每公顷栽27.0万~30.0万丛,每丛2~3本,每公顷基本苗120万~150万本(包括大分蘖)。

③施足基肥。巧施追肥,施肥上实行"前促、中稳、后补"的原则。每亩施纯氮200~230千克/公顷,并搭配磷、钾肥,7月中旬施高效复合肥作长粗肥,有条件的可增施氯化钾,穗肥以促花肥为重,原则上不用保花肥,防止后期氮素用量过多、过迟而造成贪青迟熟,影响结实率和产量。

④防病治虫,水浆管理。本田期要求干湿交替,适时搁田,切忌田间长期积深水或断水过早。稻瘟病重发地区应注意防治,嘉991对稻飞虱抗性较差,应认真防治。其他病虫害的防治,如纹枯病、稻纵卷叶螟、水稻螟虫、稻蓟马及穗期蚜虫的防治,同一般晚粳品种。

适宜区域:适宜在浙北地区作晚粳稻种植。

选育单位:嘉兴市农业科学研究院。

(4) 秀水110。

品种来源:嘉59天杂/丙95-13。

审定情况:2002年通过浙江省农作物品种审定委员会审定。

特征特性:秀水110感光性较强,浙江北部地区在5月20~25日播种,9月10~13日齐穗,10月底、11月初收获,全生育期155~160天,为中熟晚粳。秀水110植株矮壮,株高约95厘米左右,株形集散适中;茎秆粗壮,叶举挺,稍宽,主茎叶片数为18~19片,叶片稍阔、色淡而挺,叶鞘包节,剑叶上举;根系发达,呈上位根系,后期转色好;分蘖力、成穗率中等。一般有效穗数为315万~345万穗/公顷,每穗120~130粒,结实率85%~100%,千粒重25~26克,属穗粒兼顾、偏大穗类型。穗颈粗硬,穗形较大,着粒均匀,成熟时呈半直立穗,低于剑叶顶部,二次灌浆现象轻。稻米品质优,口感好。据国家农业部稻米及制品质量监督检验测试中心测定,秀水110的糙米率、精米率、整精米率、长宽比、垩白度、碱消值、胶稠度、直链淀粉含量、蛋白质含量共9项达优质米一级标准,透明度、垩白粒率2项达优质米二级标准。

产量表现:1999、2000、2001年参加浙江省嘉兴市区域试验,平均产量分别为8052千克/公顷、8718千克/公顷和8925千克/公顷,较对照秀水63增产4.62%、3.46%和8.91%,分别居当年第1位、第2位、第2位。参加浙江省湖州市区域试验,平均产量分别为8602.5千克/公顷、9420千克/公顷,比对照秀水63增产4.7%和6.44%,连续2年居首位;1999、2000年参加浙江省杭州市区域试验平均产量分别为8131.5千克/公顷、8875.5千克/公顷,其中1999年比对照秀水63增产1.82%,比对照秀水11增产16.93%;2000年比秀水63增产5.29%;连续2年居首位。2002年参加浙江省农业科学院利用秀水110进行平衡施肥栽培试验的余姚市牟山镇1334平方米单季晚稻,经省级验收,产量高达12187.5千克/公顷,创浙江省常规晚粳稻小面积高产记录。在浙江省嘉善县大面积生产试验与示范中,1999年的47.1公顷示范方,产量达8665.5千克/公顷,其中重点示范田10.6公顷,产量达8925千克/公顷;2000年的476.7公顷示范方,产量达8788.5千克/公顷,其中重点示范田16公顷,产量达9117千克/公顷;示范方较秀水63增产483千克/公顷,增幅为5.8%。

栽培要点:

①播前种子处理。晒种以提高发芽势;药剂消毒处理,结合使用烯

效唑浸种处理,以促进秧苗健壮。

②培育稀播壮秧。单季晚稻育秧在5月下旬、6月初播,单季晚稻直播在6月上旬播;连作晚稻在6月20日左右播。单季晚稻手拔大秧,秧田亩播30千克,大田亩用种3千克左右;单晚直播亩用种3.5~4千克。连作晚稻秧田亩播30千克,大田亩用种3.5~4千克。化学调控上,可用烯效唑浸种,或多效唑喷苗,或播前秧田施用水稻壮秧营养剂。

③合理密植。作单季晚稻栽培,一般行株距为19.8厘米×(16.5~18.2)厘米,每丛插3~4本,每亩基本苗6万~8万本,争取在7月底亩最高苗数达35万,最后亩有效穗达20万~25万穗。作连作晚稻栽培,一般行株距16.7厘米×13.2厘米,每亩3万丛,每丛3~5本,每亩落田苗10万~15万本。

④科学肥水运筹。大田施肥掌握"增施有机肥、适氮增磷钾"的原则。一般来说,在每亩施有机肥500~750千克、磷肥15~20千克、氯化钾7.5~10千克的基础上,作单季晚稻一般亩施纯氮13~14千克,作连作晚稻亩施纯氮12~13千克。提倡应用富硒营养增产剂技术。水浆管理上,总的要求是深水护苗,浅水发棵,适时搁田,浅水孕(抽)穗,活水灌溉,湿润到老。后期切忌断水过早,干干湿湿以湿为主,防早衰争粒重。

⑤做好病虫、草害防治工作。特别要重视防治稻曲病、稻虱、蚜虫等。防除杂草,特别是单季直播田块杂草的防治。

适宜区域:适宜在浙北地区作晚粳稻种植。

选育单位:嘉兴市农业科学研究院。

(5)浙粳22。

品种来源:DP51653/Rathu Heena//浙粳272。

审定情况:2006年通过浙江省农作物品种审定委员会审定。

特征特性:作单季晚稻种植,全生育期160~164天,比对照秀水63长2.2~4.0天,属中熟晚粳类型。在嘉兴市、杭州市单季晚稻区域试验中,浙粳22平均有效穗300万~375万穗/公顷,成穗率70%左右,株高100~110厘米,穗长16~17厘米,每穗总粒数120~140粒,实粒数 110～115 粒,结实率 90% 左右,千粒重 26～27 克,着粒密度 8 粒/厘米左右。与秀水 63 相比,浙粳 22 植株高大、穗形大、每穗实粒数多、着粒密、千粒重高,但有效穗和结实率略低。稻瘟病抗性、抗倒伏性明显强于秀水 63,而白叶枯病和褐飞虱抗性略差于对照秀水 63。在品质上,浙粳 22 的外观品质和碾磨品质均好于对照秀水 63,直链淀粉含量较秀水 63 略高,胶稠度和蛋白质含量较秀水 63 略低。

产量表现:2004 年参加杭州市单季晚稻区域试验,平均产量为 9.164 吨/公顷,位列第 1 位,比对照品种秀水 63 增产 9.4%,差异达显著水平;参加嘉兴市单季晚稻区试,平均产量为 8.745 吨/公顷,比对照品种秀水 63 增产 4.3%,差异达极显著水平。

栽培要点:

①因地制宜,适期播种。在浙江省钱塘江以北地区作单季晚稻,播种期以 5 月 15～25 日为宜;钱塘江以南地区可因地制宜,适当推迟。

②注意控制用种量。浙粳 22 分蘖力中等,稀播培育壮秧是获得高产保优的关键。秧田播种量不超过 450 千克/公顷,培育带蘖秧,秧龄宜短。大田用种量作单季稻一般为 37.5～45.0 千克/公顷。用种量过大易造成倒伏,既影响产量又影响米质。作单季晚稻栽培,插 30 万丛/公顷,每丛插 2～3 本。

③科学用肥。总用肥量折纯氮作单季晚稻为 206.3 千克/公顷,且需早施促早发,适施穗肥。后肥切忌过迟过重,否则易引起贪青、倒伏,并使稻米品质下降。

④注意水浆管理和病虫害防治。生育前期的水浆管理应以干湿湿为主,促进低节位分蘖。浙粳 22 为大穗、密穗型晚粳稻品种,在易感染稻曲病而影响产量的年份,应在抽穗前 5～7 天用瘟曲克星(又称瘟曲克敌,为 20% 粉剂)粉剂 1.5 千克/公顷加水 600～750 千克喷雾,或施用爱苗等其他防治稻曲病的农药。施药时应选用低毒、低残留的农药。

⑤把握适宜。浙粳 22 穗型大、着粒密,其穗基部的谷粒灌浆相对偏慢。这部分谷粒的成熟度很大程度上决定着稻米垩白率和垩白度指标以及米饭的适口性。成熟后的收获时机对经济产量的影响并不大,但对稻米的品质有较大的影响,适当延迟收获可减少青米的比率,改善

稻米品质和米饭的适口性。浙粳22作单季晚稻栽培在10月底收获较好,若作连作晚稻种植在11月5~10日收获较好,确保籽粒灌浆饱满,丰产丰收,提高稻米品质。

适宜区域:适宜浙江全省作晚粳稻种植。

选育单位:浙江省农业科学院。

(6)秀优5号。

品种来源:秀水110A×秀恢69。

审定情况:2005年通过上海市农作物品种审定委员会审定,2006年通过浙江省农作物品种审定委员会审定。

特征特性:该品种属粳型三系杂交水稻。在长江中下游作单季晚稻种植,全生育期平均为150.6天,比对照秀水63迟熟2.1天。株形适中,长势繁茂,茎秆粗壮,剑叶挺直,每亩有效穗数16.1万穗,株高111.3厘米,穗长17.8厘米,每穗总粒数171.2粒,结实率85.2%,千粒重26.7克。抗稻瘟病指数平均2.9级,最高7级,抗性频率100%;抗白叶枯病指数5级。米质主要指标:整精米率74.0%,长宽比1.7,垩白粒率12%,垩白度0.6%,胶稠度78毫米,直链淀粉含量17.6%,达到国家优质稻谷二级标准。

产量表现:2004年参加长江中下游单季晚粳组品种区域试验,平均亩产为591.70千克,比对照秀水63增产6.98%,差异达极显著水平;2005年续试,平均亩产为581.06千克,比对照秀水63增产9.39%,差异达极显著水平;两年区域试验平均亩产为586.38千克,比对照秀水63增产8.16%。2005年参加长江中下游晚粳稻组生产试验,平均亩产为497.91千克,比对照秀水63增产10.51%。

栽培要点:

①育秧。根据各地单季晚粳生产季节适时早播,培育带蘖壮秧。每亩秧田播种量15~20千克。播前做好晒种、种子处理和催芽工作。秧田应加强对草害、飞虱、稻蓟马等的防治。

②移栽。该品种分蘖力弱,应采取23.3厘米×13.3厘米或20厘米×16.7厘米、每穴插2粒谷苗的栽插规格,保证每亩基本苗在4万苗以上。

③肥水管理。亩总用肥量控制纯氮15千克左右,并配施钾肥10千克。施肥原则为施足基肥,早施分蘖肥,按生育进程看田看苗,施好长粗肥和穗肥。穗肥一般控制在尿素7.5千克左右,不宜过迟、过重。水浆管理做到深水护苗,浅水发棵,当每亩苗数达25万株时及时分次搁烤,齐穗后干湿交替。

④病虫防治。注意及时防治稻瘟病、螟虫及后期稻曲病、蚜虫等病虫害。

适宜区域:适宜浙江全省作杂交粳稻种植。

选育单位:浙江省嘉兴市农业科学研究院、勿忘农集团有限公司。

(7) 嘉优1号。

品种来源:嘉60A/嘉恢40。

审定情况:2005年通过浙江省农作物品种审定委员会审定。

特征特性:嘉优1号全生育期为150～160天,属中熟晚粳类型。株高115厘米,总叶龄为17叶左右,茎秆粗壮,苗期生长快,前期叶色深绿,生长清秀,成熟时谷粒金黄、色泽好,无芒,谷粒椭圆形,成熟较一致,无两段灌浆现象,稻谷脱粒性适中。嘉优1号分蘖力中等,成穗率较高。穗叶平齐,穗大,谷粒着粒密度中等,介于疏穗型和密穗型之间。有效穗为225万～240万穗/公顷,每穗总粒数180～200粒,结实率85%～90%,千粒重26克左右,属大穗大粒型品种。嘉优1号抗稻瘟病,中抗白叶枯病和褐稻虱。据2003年国家农业部稻米及制品质量监督检验测试中心检测结果显示,在12项米质指标中,嘉优1号的糙米率、精米率、整精米率、粒长、长宽比、透明度、碱消值、胶稠度、直链淀粉含量、蛋白质含量等10项指标达部颁优质米一级标准。

产量表现:2002年嘉兴市单季晚稻品种对比试验,嘉优1号平均产量为9.531吨/公顷,比对照秀水63增产4.36%。2003年参加单季晚稻区域试验,嘉兴市平均产量为8.343吨/公顷,比对照品种秀水63增产5.81%;杭州市平均产量为8.816吨/公顷,比对照品种秀水63增产10.73%,产量居参试品种第1位;湖州市平均产量为9.425吨/公顷,比对照品种秀水63增产6.80%。2003年参加浙江省8812杂交粳稻联合品种试验,作单季晚稻平均产量为8.634吨/公顷,比对照甬优1号增产 9.47%，比对照品种秀水 63 增产 13.65%。嘉优 1 号在各地示范中也表现出高产、稳产，如 2002 年在长兴县虹星桥厚全村示范 1.7 公顷，平均产量为 9.375 吨/公顷，比对照品种秀水 63 增产 8.7%；长兴县泗安镇塔上村示范 2.7 公顷，平均产量为 9.798 吨/公顷，比对照 95－22 增产 13.9%。

栽培要点：

①适时稀播，培育壮秧。嘉优 1 号在嘉兴作单季晚稻种植，5 月中下旬播种，一般大田用种量为 15 千克/公顷，播种量 150 千克/公顷左右。加强秧田管理，做好秧田病虫防治工作。水稻条纹叶枯病的防治要从秧田开始，彻底消灭秧田灰稻虱，切断病毒传播途径，可达到防治水稻条纹叶枯病的目的。做好秧田肥水管理，培育带蘖壮秧。

②适龄移栽，合理密植。适龄移栽促早发，合理密植增穗数。嘉优 1 号适宜移栽的秧龄为 30 天左右，插栽密度为 22.5 万～25.5 万丛/公顷，落田苗控制在 45 万～75 万本/公顷。插种规格以宽窄行为宜，分蘖力中等，成穗率较高，采用宽窄行种植有利于嘉优 1 号多穗和大穗大粒优势的发挥。

③合理施肥。在施肥管理上，要求增施有机肥，总施肥量折尿素为 375～450 千克/公顷，并配施磷、钾肥。施肥方法做到重前控后，减少后期氮肥施用量。前期稻苗生长良好，在搭好丰产架子的基础上，做到单季稻 7 月中旬、连作晚稻 8 月 15 日以后不再施用氮肥，以求提高结实率和千粒重。

④科学水浆管理。一般要求移栽后深水护苗 2～3 天，以利于嘉优 1 号返青。成活后做到浅水灌溉，促进分蘖早发、多发。水稻生长中后期保持田间干湿交替，有利于健根壮蘖、提高成穗率。成熟期切忌断水过早，防止发生青枯而影响产量和品质。

⑤病虫害防治。嘉优 1 号抗稻瘟病，中抗白叶枯病和褐稻虱。但在稻瘟病重发地区或有特殊小种流行的地方也应注意预防。对其他病虫害如纹枯病、稻纵卷叶螟、水稻二化螟、水稻三化螟、稻蓟马及穗期蚜虫等的防治同一般晚粳品种。对水稻条纹叶枯病的防治，应重点做好以下三方面的工作：秧田冬前及时翻耕，消灭杂草，避免杂草较多的麦

田做秧田;加强秧田期对灰稻虱的防治,切断病毒传播途径;适时播种,单季晚稻播种过早易遭受灰稻虱的危害。

⑥适期收获。嘉优1号谷粒金黄色时要求适期收获、及时晒干入库,确保增产增收。

适宜区域:适宜在嘉兴市及生态类似地区作杂交粳稻种植。

选育单位:嘉兴市农业科学研究院、长兴县种子公司、海盐县种子公司、嘉兴市种子公司、绍兴市农业科学研究院和诸暨市种子公司。

(8) 甬优6号。

品种来源:甬粳2号A/K4806。

审定情况:2005年通过浙江省农作物品种审定委员会审定。

特征特性:甬优6号全生育期145~150天,株形高大,分蘖中等偏弱,生物学产量高,单季晚稻株高138厘米左右,连作晚稻株高122厘米左右,根系发达,茎秆粗壮,基部节间粗,而且叶鞘厚重,抱握面大,抗倒性强;叶片狭、长、厚、挺,倒三叶叶角小,叶脉粗壮、发达,叶色前深后淡,转色好,熟相极佳。该品种穗大粒多,分蘖力中等偏弱,结实率高,一次枝梗发达,1个穗节上可发生4~5个一次枝梗,穗长23~24厘米,总粒数250粒左右,每亩有效穗为12万~14万穗,结实率85%~90%,千粒重22~25克,有明显的2次灌浆现象,谷粒有芒。据浙江省农业科学院植物保护与微生物研究所2002~2003年鉴定结果显示,甬优6号对稻瘟病抗性:叶瘟平均4.3级,穗瘟平均3.0级,穗瘟损失率3.5%;对白叶枯病抗性平均4.5级;对褐飞虱抗性平均9.0级。对稻瘟病、白叶枯病抗性强于对照汕优10号,大田生产表现出较强的抗病虫能力和抗逆性。米质优,米饭松软清香,口感好。

产量表现:2002年参加浙江省单季杂交粳稻区域试验,平均产量为8.75吨/公顷,比对照秀水63增产11.4%,差异达极显著水平。2003年参加浙江省单季杂交粳稻区域试验,平均产量为8.15吨/公顷,比对照甬优3号增产6.6%。2004年参加浙江省生产试验,平均产量为8.05吨/公顷,比对照秀水63和甬优3号分别增产1.7%和5.1%。

栽培要点:

①适期早播。甬优6号属感光性品种,早播生长期长,不便管理,

迟播影响后期灌浆结实,作单季晚稻一般于5月底、6月初播种,作连作晚稻栽培最迟不要超过6月20日。

②稀播壮秧。该品种分蘖中等偏弱,提倡采用半旱育秧方式稀播育壮秧,秧田要增施一定量的氮、磷、钾肥。每亩秧田播种量5千克,大田用种量0.5千克,秧田基肥施复合肥10千克(有效成分含量为30%),二叶一心期施尿素5千克,插秧前4天施尿素5千克作为起身肥。二叶一心期喷300毫克/千克多效唑控高促蘖,秧田期严防稻蓟马和稻飞虱的危害,特别注重灰飞虱的防治,注意矮缩病的发生。

③适当密植,争取足穗。甬优6号分蘖力中等偏弱,大田种植往往穗数不足,影响产量。对高产田块调查表明,增穗可以增产,加上该组合株型紧凑,叶片挺,栽培上可适当密植,增穴增苗来提高穗数。实践证明,栽插密度以16.5万~18.0万丛/公顷为宜,落田苗90万~120万本/公顷,争取有效穗225万~240万穗/公顷。栽插方式为宽行密株,有利通风透光。

④合理施肥。甬优6号生物产量高,需肥量较大,亩施纯氮14~16千克。增施氮肥,配施钾肥,施肥要求重施基肥、早施促蘖肥、中期控制氮肥,必须施保花肥,配施钾肥。据高产田调查统计,基肥每亩施碳铵30千克、尿素7.5千克、过磷酸钙20千克、氯化钾5千克或者30%的国产复合肥30千克;追肥分2次,促蘖肥施尿素7.5千克;保花肥施尿素3千克、钾肥4千克。保花肥对延迟叶片衰老起着重要作用。

⑤水浆管理。深水护苗,浅水促蘖,有效分蘖终止期及时搁田,每亩苗数控制在22万株以内,中后期薄露灌溉,干干湿湿养稻到老,幼穗分化期适当增加水量,后期切勿断水过早,促使二次灌浆的谷粒都能饱满,提高千粒重,增加整精米率和产量。

⑥除虫防病,确保丰收。甬优6号植株高大,叶色浓绿,较易遭虫害,特别要注意对二化螟和三化螟的防治。应根据病虫测报情报,稳、准、狠地加以防治。同时,要注意对恶苗病、干尖线虫病、稻曲病等的防治。

适宜区域:适宜在浙中南部地区作籼粳杂交稻种植。

选育单位:宁波市农业科学研究院、宁波市种子公司。

(9) 中浙优 1 号。

品种来源:中浙 A/航恢 570。

审定情况:2004 年通过浙江省农作物品种审定委员会审定。

特征特性:中浙优 1 号平均生育期为 136.8 天,齐穗期随播种期的推迟而推迟,属感温性组合。株形紧凑,长势旺,分蘖力较强,叶色深绿,剑叶挺直,穗大粒多,结实率高。平均株高 112 厘米,平均穗长 25 厘米,有效穗 248.25 万穗/公顷,平均每穗总粒数 150 粒,每穗实粒数 136.4 粒,结实率 90.9%,千粒重 27.1 克。后期叶片功能期长,青秆黄熟转色好。中浙优 1 号抗稻瘟病和褐稻虱,中抗白叶枯病。大田种植田间抗性好,没发生叶瘟、穗瘟和白叶枯病,有利于绿色稻米生产。中浙优 1 号整精米率为 50.4%,垩白率为 32%,垩白度为 5.6%,直链淀粉含量为 13.9%,垩白率、垩白度、直链淀粉含量低于汕优 63,煮饭时有清香味,米饭软,适口性好,饭冷不回生。2001 年参加浙江省籼型杂交稻食味品尝获总分第一。

产量表现:2002 年参加浙江省单季杂交稻区域试验,平均单产 8.025 吨/公顷,比对照汕优 63 增产 6.4%。2003 年在生产试验中平均单产 7.53 吨/公顷,比对照汕优 63 增产 4.3%。2003 年在温州瑞安市汀田镇强里村,李云开农户 3.04 公顷示范田平均单产为 8.52 吨/公顷;瑞安市桐浦村张松木农户 3.33 公顷示范田的平均单产为 8.175 吨/公顷。

栽培要点:

①适时播种,培育壮秧。中浙优 1 号生育期较长,宜作单季稻种植,播种期比汕优 63 早 5~6 天。浙南山区一般 4 月底至 5 月上旬播种,温州市平原地区 6 月 10~18 日播种,播种过迟会影响产量及安全齐穗,提倡尽量早播早插,保证安全齐穗。播前应做到晒种、种子消毒。采用半旱育秧,稀播匀播。秧田播种量 90 千克/公顷,用多效唑控苗,秧苗二叶期宜进行移密补稀,培育带蘖壮秧,秧龄 25~30 天。

②宽行窄株,合理密植。中浙优 1 号属大穗型组合,仍应强调争足穗、攻大穗、增粒重,夺取高产。争取早插促早发,提高成穗率。栽培时要合理密植,提倡宽行窄株,有利通风透光。栽插 19.5 万~22.5 万丛/

公顷,密度为29.7厘米×16.5厘米或26.4厘米×19.8厘米,落田苗90万~110万本/公顷,确保有效穗225万~240万穗/公顷以上。

③加强肥水管理。中浙优1号需肥量较大,肥料不足将影响其优势发挥。据高产田施肥情况调查显示,施纯氮236~292千克/公顷,并配施磷、钾肥为佳。要科学施肥,优化氮、磷、钾三元素合理配比(氮:二氧化二磷:氧化钾=1:0.56:1.05)。施肥方法应掌握施足基肥、早施追肥、增施有机肥的原则。秧田少施氮肥,多施磷、钾肥,防止秧苗徒长。本田要注意控制追肥,施氮量不宜过多,以免出现徒长和贪青,推迟抽穗;避免氮肥施用过迟,造成倒伏。水浆管理采用返青后浅水促分蘖,苗够时适时搁田,多次轻搁,控制无效分蘖,提高成穗率,促进根系深扎,齐穗后保持干干湿湿,养根保叶。后期切勿断水过早,以免影响粒重。

④适时防病治虫。中浙优1号虽抗病虫能力较强,但田间病虫预防仍不可放松。应根据病虫预报,及时结合大田病虫发生的实际情况,对症下药进行防治,提高防治质量,重点做好纹枯病和螟虫、稻纵卷叶螟等病虫防治,在稻瘟病区和白叶枯病区更应做好防病工作,确保丰产丰收。

适宜区域:适宜浙江全省作杂交晚籼稻种植。

选育单位:中国水稻研究所、浙江省杂交水稻种业有限公司。

(10) 两优培九。

品种来源:培矮64S×9311。

审定情况:1999年通过江苏省农作物品种审定委员会审定,2001年通过湖北省、湖南省、陕西省农作物品种审定委员会审定。

特征特性:两优培九感温性较强,全生育期136~145天,株形紧凑,茎秆粗壮,一般株高102~106厘米;叶片较长,叶色深绿,剑叶挺举,长相清秀,植株受光态势良好;穗型较大,穗粒结构较协调,一般穗长21~22厘米,分蘖中等偏强,成穗率较低,有效穗240万~285万穗/公顷,每穗总粒数160粒左右,结实率81%左右,千粒重25~26克。经国家农业部稻米及制品质量监督检验中心检验,9项主要指标中有糙米率、精米率、碱消值、胶稠度、直链淀粉含量及蛋白质含量6项达到国家优质米一级标准,整精米率、粒型和透明度3项指标达二级标准,米质较优。

产量表现:1998年参加浙江省中稻区域试验,平均亩产471.49千克,比对照汕优63增产2.42%,差异达显著水平;1999年参加浙江省中籼A组区域试验,平均亩产520千克,比对照汕优63增产0.67%,差异不显著。

栽培要点:

①适时早播,培育壮秧。两优培九全生育期相对较长,对低温反映敏感,要获得超高产,选择中稻或单季稻栽培为宜。秧田播种量为105千克/公顷,秧本比为1:8。两优培九的秧龄弹性较大,一般在30～40天,适时早插易获得高产。

②适当密植,建立高产群体结构。根据生产实践和密度试验分析,每公顷插19.5万～21.0万丛,落田苗75万～90万本,最高苗控制在375万～405万株,争取有效穗255万左右,每穗实粒数170～180粒,千粒重27克,即可获得10500千克/公顷以上的产量。

③合理施肥。生长茂盛,后期需肥量大。高肥条件下增产潜力大,耐肥性强。每公顷施纯氮225千克左右,前、中期总量比例为7:3,并且要增施有机肥,氮、磷、钾肥合理施用,注意增施穗肥。

④科学管水,好气灌溉。在水浆管理上,总的原则是浅水勤灌、干干湿湿。移栽至分蘖期,浅水插秧、深水返青,返青后浅水勤灌,促进分蘖。移栽后一般灌水3～5厘米。当苗数达到计划穗数的70%～80%时开始搁田,多次轻搁,营养生长过旺时适当重搁田,控制无效分蘖和苗峰。在倒二叶龄期覆水,中后期以湿为主,干湿交替,灌浆期间,田间应保持足够的水层。两优培九灌浆时间较长,后期应保持干湿灌浆,断水不能早于收割前5～6天,以养根保叶。

⑤加强病虫草害防治。注意对三代三化螟和稻曲病的防治。

适宜区域:适宜浙江全省作杂交晚籼稻种植。

选育单位:江苏省农业科学院粮食作物研究所。

(11) Ⅱ优7954。

品种来源:Ⅱ-32A×浙恢7954。

审定情况:2002、2004 年分别通过浙江省和国家农作物品种审定委员会审定。

特征特性:该品种属籼型三系杂交水稻,在长江中下游作一季中稻种植,全生育期平均为 136.3 天,比对照汕优 63 迟熟 3 天。株高 118.9 厘米,株形适中,群体整齐,叶色浓绿,长势繁茂,熟期转色中等。每亩有效穗数 15.7 万穗,穗长 23.9 厘米,每穗总粒数 174.1 粒,结实率 78.3%,千粒重 27.3 克。对病虫的抗性:稻瘟病 7 级,白叶枯病 5 级,褐飞虱 9 级。米质主要指标:整精米率 64.9%,长宽比 2.3,垩白率 47%,垩白度 9.3%,胶稠度 47 毫米,直链淀粉含量 25.2%。

产量表现:经国家南方稻区中籼组区域试验 2 年产量分别为 9.228 吨/公顷和 7.899 吨/公顷,比汕优 63 分别增产 10.96% 和 7.10%。生产试验产量为 7.723 吨/公顷,比汕优 63 增产 9.11%。Ⅱ优 7954 在国家区域试验和生产试验中产量均居首位。经温州市杂交晚稻区域试验,2 年产量分别为 7.106 吨/公顷和 7.247 吨/公顷,比汕优 10 号分别增产 9.74% 和 4.86%。生产试验产量为 6.423 吨/公顷,比汕优 10 号增产 7.1%。经杭州市单季晚稻区域试验,2 年产量分别为 7.899 吨/公顷和 8.24 吨/公顷,比对照汕优 63 分别增产 6.6% 和 4.95%。各地试种作连作晚稻一般产量为 7.5 吨/公顷,单季晚稻 9 吨/公顷,高产田块超过 10.5 吨/公顷。

栽培要点:

①适时播种,培育壮秧。作单季晚稻,宜在 5 月 15～25 日播种,秧龄 25～30 天。强化栽培,秧龄 10～17 天产量较高。作连作晚稻种植,播种期一般比汕优 10 号早 4 天,秧龄控制在 35 天以内,超过 35 天采用两段秧。

②合理密植。单季种植密度为 16.6 厘米×26 厘米,种足落田苗 90 万～120 万本/公顷,力争有效穗达 255 万穗/公顷。作连作晚稻种植可适当提高密度和落田苗数。

③促控结合,管好肥水。Ⅱ优 7954 属大穗型杂交稻组合,施肥上要求氮、磷、钾比例为 1:0.5:0.8。基肥和分蘖肥占总施肥量的 80% 以上,早施、重施基肥和分蘖肥有利早发,剑叶抽出前适当施用穗粒肥,确

保穗大粒重。水浆管理上要求早期浅水勤灌促分蘖,中期足苗、控水搁田,减少无效分蘖,后期干湿交替防早衰。

④做好种子处理和病虫防治工作。播种前用"402"等农药进行种子灭菌,大田期主要抓好二化螟、三化螟、稻瘟病、稻曲病等病虫的防治工作。

适宜区域:适宜在浙江全省稻瘟病轻发区作杂交晚籼稻种植。

选育单位:浙江省农业科学院作物与核技术利用研究所。

(12) 协优5968。

品种来源:协青早A/台恢5968。

审定情况:2003年通过浙江省农作物品种审定委员会审定,2004年通过国家农作物品种审定委员会审定。

特征特性:分蘖力强,茎秆粗壮,耐肥抗倒,穗形中等,着粒较密,千粒重高,后期转色好,青秆黄熟,主茎叶片数17叶,株高110.8厘米,穗长21.9厘米,每穗总粒数141.2粒,结实率87.9%,千粒重29.2克。全生育期作单季稻种植140天左右,比汕优63略长。根据浙江省农业科学院植物保护与微生物研究所2001年的鉴定结果显示,对病虫的抗性:叶瘟平均仅为2.2级,穗瘟平均仅为5.5级,白叶枯病为4.3级,褐飞虱为9级,对照汕优63分别为1.3级、4.0级、8.0级、9级;协优5968对白叶枯病抗性明显强于对照汕优63。据国家农业部稻米及制品质量检测测试中心2001年检验结果显示:糙米率、精米率、碱消值、胶稠度、直链淀粉含量5项指标达部颁食用优质米一级标准,粒长、长宽比2项指标达部颁食用优质米二级标准。

产量表现:在2000年浙江省"8812"联品试验中表现优异,平均产量为569千克/亩,比对照汕优63增产11.5%,居第一位。2001年参加浙江省区域试验,平均产量为538.4千克/亩,比对照汕优63增产7.04%;2002年参加单季晚稻区域试验,平均单产为561.8千克/亩,比对照汕优63增产8.8%。

栽培要点:

①适时播种,培育壮秧。作单季稻种植,5月底前播种为宜,大田亩用种量1千克。秧田施足基肥,早施促蘖肥。

②适时移栽,合理密植。秧龄掌握在30~35天,每亩插1.5万丛,争取落田苗8万本左右。

③肥水管理,病虫防治。施肥掌握施足基肥,早施追肥,适施穗肥,增施磷、钾肥。水浆管理掌握前期浅水促蘖,中期搁田控苗,后期湿润到老;在整个生育期间都要注意防治稻瘟病。

适宜区域:适宜在浙江全省稻瘟病轻发区作杂交晚籼稻种植。

选育单位:台州市农业科学研究院、浙江省杂交水稻种业有限公司。

# 三、水稻肥水需求特点与标准化管理技术

## （一）水稻需肥规律与管理技术

### 1. 水稻对营养元素的需求特点

水稻的一生，从种子萌芽到结成种子，都需要从环境中吸收养分。但在三叶期以前，稻苗主要依靠种子中储存的养分，三叶期以后，才逐步转向吸收土壤中的养分。

水稻生长中必需的营养元素大致有碳、氧、氢、氮、磷、钾、硅、硫、钙、镁、铁、锰、锌、铜、钼、硼、氯等。

虽然碳、氧和氢3种元素是水稻生长中最重要的养分，是光合作用的原料，水稻中这3种元素的含量可占到水稻干重的80%左右，但是在通常情况下，水稻不会缺乏这些元素，因为这些元素可来自于空气中的二氧化碳和土壤中的水，所以无须以施肥方式补充。水稻从土壤中吸收的养分，主要是矿质营养元素，包括需要量较大的大量元素（如氮、磷和钾）、需要量较小的微量元素（如锌、硼和钼等）以及某些有特殊生理作用的元素（如硅等）。其中有些营养元素在土壤中的存在量不足，或有效性不够，或处于难以被水稻吸收的状态，需要以施肥方式予以补充。

（1）氮。水稻植株内的含氮量，一般占干重的1%~5%，视不同的水稻类型、所处的生育期和不同的器官而异。通常生育期短的早稻含氮量比生育期长的晚稻高，分蘖期的含氮量比成熟期高，稻叶和稻谷中的含量比根茎高。

氮是蛋白质的主要成分,蛋白质是每个细胞维持生命活动和分裂繁殖的物质基础,蛋白质平均含氮量约16%。氮也是叶绿素、核酸等水稻体内一系列重要物质的组成成分。水稻一生中,氮元素总是较多的集中在生理活动最旺盛的器官。水稻生长期间,氮集中在幼叶、根尖等幼嫩部分,至成熟期,氮才集中在稻谷部分。

水稻吸收氮元素的量是否充足,能迅速从其叶色和长相上反映出来。氮元素供应充足的话,叶色深,长势旺,分蘖多,生长快,稻穗大。但若水稻吸氮过多,则长势过旺,茎叶柔弱,易遭病虫为害,贪青倒伏,成熟延迟,穗子虽大但空秕谷粒多,反而影响产量;氮素供应不足的话,则水稻的叶色浅,下部出现黄叶,分蘖和长势差,稻穗小,而且成熟提早,同样也影响产量。

一般每生产500千克稻谷,约需从土壤中吸收氮素8~16千克。早稻返青至拔节期吸收氮50%,拔节至孕穗期吸收40%,孕穗至抽穗期仅吸收10%。早稻和双季晚稻生育期短,一生一个吸氮高峰;单季稻在分蘖和穗分化期有两个吸氮高峰,杂交稻在齐穗至成熟期仍需吸收20%的氮素。

(2)磷。水稻植株内的磷含量,一般占干重的0.2%~1.2%(以磷酐即$P_2O_5$表示)。分蘖期水稻的含磷量高于成熟期,谷粒中的磷含量高于茎秆。

磷元素同样存在于水稻的每一个细胞中,是磷脂和核酸组成的必需成分,常较多集中在水稻的新生幼嫩部分,对细胞的分裂繁殖起着重大作用。磷元素充足时,水稻外观老健,发根和分蘖好,稻谷饱满;磷元素不足时,水稻根系生长差,分蘖少,形似一根葱,叶色呈现不正常的暗绿,植株矮小,稻谷成熟不良。

一般每生产500千克稻谷需从土壤中吸收磷($P_2O_5$)4~7.5千克。水稻对磷的吸收与氮不同,一般在拔节前吸收磷50%,拔节到孕穗期吸收10%,孕穗到抽穗期吸收30%,抽穗后吸收10%,杂交水稻吸收的磷比常规稻少。

(3)钾。水稻植株内钾的含量,一般占干重的0.5%~4.0%(以$K_2O$表示),也视不同生育期和器官而异,通常生长期的含量高于成熟

期。与氮、磷两元素相反,钾在水稻成熟期大部分集中在茎叶中,可占到吸入量的85%左右,谷粒中只占15%左右。

钾在植物体内不参与有机物的组成,主要存在于细胞的充水部分,是细胞充水度的调节剂和多种酶的激活剂,有助于加速各种生理反应的进行和各种有机物的合成、转化与输送。所以钾含量充足时,稻株的茎秆老健,抗倒抗逆力强,病虫害少,灌浆成熟度好,千粒重高;反之,当钾元素供应不足时,稻株矮小,叶片变窄,抗病抗倒力弱,稻谷成熟度差。

水稻每生产500千克稻谷需从土壤中吸收钾9~19千克。水稻返青至拔节期吸收钾50%,拔节至孕穗期吸收25%,孕穗至抽穗期吸收10%,抽穗后吸收15%。杂交稻吸收钾比常规稻多,杂交稻移栽至分蘖盛期吸收25%,分蘖盛期至孕穗初期吸收45%,孕穗至齐穗期吸收10%,齐穗至成熟期吸收20%。

氮、磷、钾3种营养元素对水稻生育的影响重大,而且又常缺乏,所以施肥时必须优先考虑这"三要素"。不同生育期水稻植株中的"三要素"含量,对构成水稻产量的穗数、粒数等有重大影响。

## 2. 高产水稻的养分吸收特点

(1) 高产杂交水稻的吸肥量。杂交水稻吸收的氮、磷、钾养分数量因土壤肥力、气候条件、品种和施肥管理而异,对产量也有密切的影响。田间试验表明,杂交早稻每公顷产稻谷8.03吨,实际吸收氮181.7千克,吸收磷67.2千克,吸收钾217.7千克(氮:磷:钾之比为1:0.37:1.20)。杂交晚稻每公顷产稻谷9.01吨,吸收氮198.4千克,吸收磷68.7千克,吸收钾263.8千克(氮:磷:钾之比为1:0.35:1.33)。杂交晚稻比杂交早稻多吸收氮9.2%、磷2.2%和钾21.1%,说明杂交晚稻在产量形成中吸收的钾远多于杂交早稻。

在施肥情况下,杂交早稻前期吸收养分少,氮、磷、钾的吸收量分别只占本田生育期氮、磷、钾吸收总量的16.8%、12.9%和12.0%;中期吸收养分比例剧增,其氮、磷、钾吸收量分别占本田生育期氮、磷、钾吸收总量的75.9%、81.9%和78.8%;后期吸收的氮、磷、钾比例仍达

7.3%、5.2%和8.9%。与杂交早稻相比,杂交晚稻对养分吸收的明显特点是在抽穗后对氮、钾仍保持较高的吸收量,吸收氮、钾的比例分别占本田全生育期氮、钾吸收总量的12%和11%。

(2) 高产杂交水稻的营养特性。

①养分浓度。

氮　在杂交水稻各生育期植株中,氮素浓度以分蘖盛期为最高,以后随生育的进展而下降。杂交早稻与杂交晚稻呈现同一趋势。但高产杂交晚稻各生育期茎、叶中的氮素浓度高于高产杂交早稻,尤其是在抽穗以后。

高产杂交水稻植株在整个生长过程中都含有较高的氮,一般产量杂交水稻在秸秆成熟期的氮含量为0.5%~0.7%,而高产杂交水稻稻草的氮含量通常是0.8%~0.9%,有的甚至在1.8%以上。湖南省各地的预测数值表明,在幼穗形成的早期,高产杂交水稻叶片的最适氮含量为2.7%~4.1%,在乳熟期为1.6%~2.3%。

磷　高产杂交早稻植株中磷的浓度以分蘖盛期最高,成熟期最低。高产杂交晚稻也呈现出类似的结果。但杂交晚稻在抽穗前的各生育期植株中磷的浓度均高于杂交早稻。在成熟期,高产杂交早稻和杂交晚稻稻草中磷的浓度很接近,而高产杂交早稻谷粒中磷的浓度要高于杂交晚稻。

钾　高产杂交水稻植株中钾的浓度以分蘖盛期最高,以后随生育进程推移而逐渐下降。高产杂交晚稻几乎在各生育期,尤其是后期植株中钾的浓度均高于杂交早稻。如高产杂交晚稻成熟期稻草中氧化钾的浓度为3.25%,而同时期高产杂交早稻中钾的浓度为3.08%。

在整个生育期间,尤其在后期,高产杂交水稻和一般产量杂交水稻植株中钾的含量差异很大。高产稻株在整个生育期含有较高的钾。一般产量杂交水稻成熟期稻草的钾含量为1.9%~2.7%,而高产杂交水稻稻草的钾含量为3.08%~3.25%,高的在3.8%以上。高产杂交水稻在幼穗形成的早期和抽穗期钾的含量相当高。湖南省各地的预测值显示,在幼穗形成的早期,高产杂交稻叶片的最适钾含量为2.7%~3.6%,在抽穗期为3.0%~4.2%。

②养分吸收强度。高产杂交水稻在整个生育期间的吸氮强度要大于一般产量的杂交水稻。从抽穗期至成熟期,高产杂交水稻与一般产量杂交水稻两者的吸氮强度呈现明显的差异。高产杂交早、晚稻在齐穗后仍保持有较高的吸氮强度,每天每公顷为 0.53 千克和 1.39 千克,而一般产量杂交早、晚稻只保持了较低的吸氮强度,每天每公顷分别为 0.18 千克和 0.65 千克。

高产杂交早稻的最大磷吸收强度为每天每公顷 2.15 千克,并出现在分蘖盛期。杂交晚稻磷吸收强度最大的时期出现在孕穗期。高产杂交水稻以生育中期的磷吸收强度为最大,吸磷量占全生育期吸磷总量的 80% 以上。因此,在杂交水稻抽穗以前施用适量的磷肥对提高磷肥的生产效应是十分重要的。

高产杂交水稻的钾吸收强度以分蘖盛期为最高,一般产量杂交稻的吸钾强度也呈现同一趋势。与之不同的是,齐穗以后至成熟期,高产杂交水稻仍保持有较高的吸钾强度,每日每公顷为 0.77 千克(杂交早稻)和 0.66 千克(杂交晚稻),分别占整个生育期间吸钾总量的 8.9% 和 11.4%。而一般产量杂交水稻在抽穗以后吸收的钾就很少了。

③养分运转。采用微机计算氮、磷、钾养分的运转率,其运转百分率均为正值。在高产栽培条件下,杂交早稻的氮、磷、钾转移率分别为 70.6%、80.3% 和 21.3%;杂交晚稻的氮、磷、钾转移率分别为 76.5%、87.8% 和 33.1%;高产杂交晚稻的养分转移率高于杂交早稻。

### 3. 水稻标准化生产的施肥技术

(1)"一轰头"施肥法。将 80% 以上的肥料作为基肥,并且早施、重施分蘖肥,达到"前期一轰头,轰而不过头,后期不早衰"。一般不施穗肥,以争多穗为主。主要适用于生育期较短的连作早稻,尤其是春花田早稻。

(2)"攻头保尾控中间"施肥法。将 70%~80% 的肥料用作基肥,也应早施、重施分蘖肥,以利分蘖早生。孕穗期酌施保花肥,防止枝梗及颖花退化,既争多穗,又增粒数,达到穗、粒兼顾。适用于生育期较长的连作早稻或一季中、晚稻。

(3)"前轻、中重、后补足"施肥法。在适量施用基肥和分蘖肥达到前稳的基础上,增加穗粒肥用量,强调施用促花肥促进大穗,再看苗补施保花肥保大穗,达到早发稳长,前期不疯长,后期不早衰,在保证足穗的基础上攻大穗和粒重。适用于生育期长的晚熟品种,一季中稻以及肥料不足的稻田。

(4)"基肥足,面肥速,追肥早,穗肥巧"施肥法。将75%以上的肥料用作基肥,并早施分蘖肥,促进分蘖早发。若长势差,前期基肥与追肥又不足,于幼穗分化时适量施用穗肥,以增加有效穗和穗粒数,但用量不能过多,以免贪青迟穗。适用于连作晚稻。

(5)高产稻田的肥料运筹。按施肥时期可将稻田用肥分为基肥和追肥。基肥是指水稻移栽之前施用的基本肥料,包括底肥和面肥;基肥以有机肥料为主,配以适量化肥,主要采用全层施肥方法,也有采用浅层施肥和表层面施的。追肥按施肥时期分为分蘖肥、穗肥和粒肥。在水稻返青分蘖期施用的肥料称分蘖肥,以促进分蘖早生快发。连作早、晚稻一般在移栽后一周内一次性施用尿素和氯化钾。单季晚稻除在返青期施尿素和钾肥外,分蘖期应看苗补施适量尿素。在幼穗分化期施用的肥料称穗肥,以促进水稻幼穗分化和生长发育。穗肥又可分为促花肥和保花肥。促花肥以促进颖花分化为目的,一般在倒三叶出生时施适量的速效性肥料。保花肥以保护颖花生长发育为目的,一般在倒一叶露尖后施适量的速效性肥料。在水稻抽穗以后施用的肥料称粒肥,以增强植株后期生产功能为目的,一般采用根外追肥的办法,如用1%~2%的尿素或磷酸二氢钾喷施,使用时应避开花期,以傍晚喷施为好。

高产水稻的施肥方式,连作早、晚稻一般采用基肥足,追肥早,后期看苗补施穗粒肥的施肥方法。基肥以有机肥加过磷酸钙、氯化钾或有机肥加复合肥作底肥,碳酸氢铵作面肥;移栽返青后以尿素或碳酸氢铵作追肥;穗粒肥看苗施肥,可在剑叶露尖或破口期或抽穗后再补施适量的尿素。单季晚稻基肥应重视增施有机肥和复合肥。除移栽返青后施分蘖肥外,在拔节长穗期还应追施菜饼等有机肥,在破口期看苗补施适量的尿素和氯化钾,以保证后期有足够的营养补充,延长叶片功能期和

延缓根系衰老的过程。

此外,高产水稻在肥料运筹上还要求增施有机肥和磷钾肥,提倡氮肥深施。增施有机肥不但可以为土壤提供较多的腐殖质,提高土壤肥力,还可以通过有机肥料和无机肥料的配合,对营养元素的循环和平衡起很重要的作用,是调节水稻营养的重要措施。增施磷酸可以促进根的生长,提高水稻的抗逆性。增施钾肥能使水稻体内木质素和纤维素的含量增高,茎秆坚韧,提高抗倒能力,还有利于提高叶片的光合效率。水稻高产栽培条件下,氮、磷、钾之比为 1∶0.4∶0.6,即在每公顷施有机肥 11250 千克、氮素总量 150 千克时,要求配施氯化钾 112.5~150 千克、过磷酸钙 300~375 千克。在实际应用中,可根据品种类型、土壤肥力水平灵活掌握。

氮肥深施的目的是将铵态氮肥施在土壤的还原层,由于还原层缺氧,硝化作用无法进行,反硝化作用就无法产生,从而提高氮肥利用效率,延长氮肥的肥效。可以通过先施肥后翻耕来达到深施的效果,也可以通过"以水还氮"的方式深施,即在施氮肥后立即灌水,一般沿丰产沟慢慢流入稻田,使施入的氮肥随水深入到耕作层中,达到深施的目的。

## (二) 水稻需水规律与管理技术

### 1. 水稻对水分的需求特点

(1) 稻田水分状况对水稻生长发育的影响。据测定,当土壤水分下降到 80% 以下时,水分不足会阻碍水稻对矿质元素的吸收和运转,使叶绿素含量减少,气孔关闭,妨碍叶片对二氧化碳的吸收,光合作用因此大大减弱,呼吸作用增强,由此可见,保持土壤含有充足的水分,有利于水稻正常的生理活动,有利于分蘖、长穗、开花、结实,获得高产。试验还表明在水稻生育过程中,任何一个生育时期受旱都不利,但一般以返青、花粉母细胞减数分裂、开花与灌浆 4 个时期受旱对产量影响最大。

①返青期缺水,秧苗不易成活返青,即使成活,对分蘖及以后各生

育时期器官建成都有不利影响。

②幼穗发育期叶面积大,光合作用强,代谢作用旺盛,蒸腾量也大,是水稻一生中需水最多的时期。初期受旱抑制枝梗、颖花原基分化,每穗粒数少;中期受旱使内外颖、雌、雄蕊发育不良;减数分裂期受旱颖花大量退化,粒数减少,结实率下降。

③在抽穗开花期,水稻对水分的敏感程度仅次于孕穗期,缺水造成"卡脖子旱",抽穗开花困难,包颈白穗多,结实率不高,严重影响产量。

④灌浆期受旱会影响对营养物质的吸收和有机物的形成、运转,从而使千粒重、结实率降低,青米、死米、腹白大的米粒增多,影响产量和品质。

水稻虽耐涝力强,短期淹水对产量影响不大,但若长期淹水没顶则会影响生育及产量。生育时期不同,水稻对淹水的反应也不同,据试验显示,仍以返青和花粉母细胞减数分裂及开花、灌浆期对淹水最敏感。据观察,返青期当日平均温度为25~30℃时,淹水3~4天死苗率高达85%;双季稻孕穗期淹水7天,幼穗腐烂,颗粒无收;开花期淹水7天,结实率只有5%;乳熟期淹水7天,结实率尚有60%;蜡熟期淹水7天,可收获70%~80%的产量。深灌会使土壤中氧气减少,泥温昼夜温差减小,稻株基部光照减弱,对根的生长及分蘖发生均不利,且会造成茎秆软弱、易倒伏。

(2)各生育时期水分蒸腾量的变化。水稻的叶面蒸腾量随植株叶面积的加大而增多,孕穗期至出穗期达最高峰,之后又下降。但是水稻的蒸腾量既与品种有关,又受气温、湿度、风速、降雨等环境条件及栽培技术的影响。

(3)稻田需水量。稻田需水量由叶面蒸腾量,窝间蒸发量和稻田渗漏量三者组成,前两者又合称腾发量。

①腾发量。叶面蒸腾量随叶面积大小及温、湿度高低而变化。而窝间蒸发量一般是移栽后最大,随着稻株对稻田覆盖度的增大而减少,约在分蘖末期后稳定在一定水平不再有大的变化,两者的关系是插秧初期蒸发大于蒸腾,分蘖末期至成熟则是蒸腾大于蒸发。

稻田蒸发量一般占总需水量的60%~80%,据四川、贵州各灌区多

年试验,不同地区、不同类型品种之间蒸发量有一定差异。

各生育期的腾发量,总的变化趋势随生育期向后推移,日平均腾发量逐渐加大,于抽穗后达最大值,这是气象因素及生物学因素综合作用的结果,尤以气象因素影响最大。温度高,风力大,湿度小,则腾发量大,反之则小。插秧密度大较密度小的、深灌较浅灌的、浅灌又较湿润灌溉的腾发量大。随着施肥水平的提高,腾发量有增大的趋势。高产田干物质积累多,腾发量也较低产田大,但平均每千克稻谷所需腾发量反而减少,所以提高单产也具有经济用水的作用。

②渗漏量是稻田水分消耗的另一途径,其大小因土质、地下水位深浅、耕作及灌溉的方法不同而异。在一定条件下,土壤愈黏重、透水性愈弱,渗漏量愈小;土壤沙性愈重,透水性愈强,渗漏量愈大。地势高、耕作粗放及新开田渗漏量大,深灌比浅灌渗漏量大。

稻田渗漏可以输氧、排毒,有更新土壤环境的良好作用;但渗漏量过大会增加养分的流失。经江苏省、浙江省、广东省等地的测定,以日渗漏量10毫米左右的田块产量较高。西南地区的测定结果显示,不同土壤间差异较大,且灌溉设施比较差,渗漏量过大是不利的,似以维持3~5毫米/日较佳。

③灌溉定额。稻田需水量:除一部分由水稻生长季节的降水直接供给外,另一部分则需灌溉补充。每亩稻田需要人工补给的水量称灌溉定额。

灌溉定额 = 大田用水量 + 大田生育期间耗水量(腾发量 + 渗漏量) - 有效降雨量

## 2. 水稻标准化生产的灌溉技术

(1)高产稻田水分管理。稻田水分管理是水稻生产的一个主要因素,通过灌溉排水技术合理利用降雨量、渗漏量、田面蒸发量,调节温度、肥力和通气性。

连作早稻高产水管理技术要求前期做到浅水移栽、浅水返青、浅水促蘖,灌水太深或田水落干均不利于早发。中期一般在有效分蘖终止期排水搁田,搁田结束后采用间歇灌溉,灌一次水落干后再灌第二次水,使稻田不常保持有水层,土壤含水量又不低于饱和持水量的80%~90%。后期要灌好护花水,断水不能过早。抽穗扬花期稻田应保持有水层,灌浆成熟期要灌跑马水,使稻田不积水又能保持田面湿润。

连作晚稻高产水管理技术要求浅水插秧,防止深水漂苗,移栽后保持一定水层便于及早返青,然后浅水促早发,当苗数达到预期穗数的80%时及时搁田,孕穗和抽穗扬花阶段灌活水,保持土壤湿润,后期采用间歇灌溉。

单季稻高产水管理技术要求浅水移栽后寸水活棵,分蘖期浅水勤灌,分蘖末期及时断水搁田,一般搁田标准为中间不陷脚,四周不开裂。圆秆拔节期结合施肥和防虫,灌一次水自然落干,进行第二次搁田,搁到稻苗叶色褪淡;孕穗期灌好"养胎水",保持浅水层;破口期做到湿润抽穗;抽穗结实期以干干湿湿为主,除追肥和喷药治虫防病需保持浅水层外,其余都以湿润灌溉,齐穗后灌跑马水,干湿交替灌溉,养根壮秆保叶,保持湿润到成熟。

搁田可以降低地下水位,排除土壤有毒物质,改善土壤通气状况,提高土壤温度,促进根系生长,提高根系活力,增加根系对土壤肥料的吸收利用。重搁田时,叶片缩短直立,叶色落黄,地面有裂缝,白根露出,小蘖烤死。轻搁田时,叶片上冲,叶色褪淡,地面不陷脚,白根稍露出。

水稻生长后期断水过早,会造成水分供应不足,叶片提早落黄,植株早衰,导致早熟而减产。水稻灌浆期土壤不必保持水层,但要采取间歇灌水,即灌一次水自然落干后再灌下次水,并逐渐减少稻田的渍水时间。单季晚稻和连作晚稻成熟期温度低,稻田水分蒸发慢,土质黏重,地势低洼,如遭遇连续阴雨天气,可提前排水,在收获前10天左右断水。

(2)特殊稻田水分管理。低洼稻田由于地下水位高,排水不畅,土壤还原性强,有毒物质易于积累,磷、钾营养容易缺乏,春季土壤温度上升慢,使得秧苗生长慢,根系发育不好,吸收养分能力差,分蘖又迟又少。水分管理的主要措施是从排灌系统入手,要做到"联圩建站,内外河分开;分级控制,高低片分开;沟渠配套,排灌渠分开;调整土地,水旱田分开"。稻田水分管理应在水稻移栽前进行春季泡田多次,不留融冻水,移栽后实行浅、湿交替灌溉,勤换水。到分蘖盛期总茎数达到预期穗数的80%时,及时排水搁田,适当延长搁田时间,促进根系生长,提高根系对肥料的吸收。

盐碱地土壤含盐量高,地下水位高,肥料容易流失,根系容易早衰,植株易倒伏。水分管理的主要措施要求春季泡田早,并结合排水洗碱2～3次。灌清水移栽,栽后常换水,以水压盐。搁田宜在夜晚进行,白天气温高时早晨应及早灌水,气温低时可适当晚些灌水,但不能在中午高温时灌水。

新开稻田田间持水量高,渗水性强,用水量大,在水分管理上应做到旱平、旱耙、旱整,灌水以前提早润灌渠系,防止决堤跑水和渗漏太重。提早泡田,大水泡田,经过1～2天沉浆后再移栽。要做到适时适度搁田,成熟期不能断水过早,干干湿湿养老稻。

# 四、水稻旱育秧技术

## （一）旱育秧技术

旱育秧是指秧苗在接近旱田条件下生长而培育出的秧苗。与其他育秧方式的不同之处主要在于，秧田绝不建立水层，在旱田条件下，土壤氧气充足，土壤中氮肥的状态为硝酸态氮肥。秧苗对硝酸态氮肥吸收得多，其根氧化能力强，有极强的吸肥、吸水能力，且发根快，生长旺，抗逆能力强。

水稻旱育秧技术具有"三早"（早播、早发、早熟）、"三省"（省力、省水、省秧田）、"两高"（高产、高效）和秧龄弹性大等特点。旱育秧所育成的秧苗矮健、抗寒力和发根力强，栽后不易坐蔸，返青快，分蘖早，成熟期提早3~5天，有利于再生稻蓄留，每亩可增产50千克左右。水稻旱育秧是实现水稻高产、稳产、增收的一项常规的科技措施，此项技术可概括为"肥床、旱育、适龄、稀植"4个技术环节，在生产中具有推广价值。经多年的实践证明，水稻旱育秧技术是一项省工节本、低耗高效的新技术。其优点表现在：节省秧田，减少育秧用水，人工投入少，劳动强度轻，同时秧苗素质高，移栽后无缓苗期，能促进水稻早生快发，夺取高产。

### 1. 旱育壮秧指标

首先，秧苗移栽时叶蘖同伸，单株分蘖多，鞘腋含有发育粗壮的分蘖芽，秧苗移栽时群体叶面积适当。其次，苗挺叶绿，生长整齐一致，无病虫害。第三，秧苗矮壮，发根力强，根系发达，白根多。第四，抗植伤

力强,中苗叶色绿,叶挺不披垂;大苗叶色淡绿,叶片硬直;小苗叶色嫩绿,叶片微弯。

早稻宜用小苗,壮秧的形态标准是:叶龄3~4叶,苗高10~13厘米,叶片直立,第一叶鞘高度小于3厘米,基部扁平,1/3苗株带分蘖,百苗干重3~4克;秧龄在温度低的地方约需26~30天,温度高的地方约需20天;叶龄放长也不要超过4.5叶,此时应带1~2个蘖,百苗干重大于5克。

中稻、晚稻宜用中苗,壮秧的形态指标是:叶龄5~6叶,苗高15~16厘米,带蘖2~3个,带蘖株率80%以上,百苗干重7克以上,第一叶鞘高度小于3厘米,基部扁平,秧龄约30~40天。

茬口矛盾大的地方可选用中大苗,叶龄5~7叶,中稻秧龄40~45天左右,晚稻30天左右。

## 2. 旱育秧苗床装备

(1) 苗床选择。考虑到旱育秧控水旱育的特点,苗床应选择地势高亢,爽水透气,肥沃疏松,熟化程度高,水源方便,阴雨不积水的菜园地或永久性旱地作为苗床,切忌选用冷水浸田、胶泥田和碱性田。一般每亩需25~30平方米苗床。苗床应选择土壤有机质丰富、质地疏松、地下水位低、排水条件良好、管理方便的旱地或常年菜地,也可选用冬闲水稻田作苗床,但要求地下水位在50厘米以下,地势较高,四周开好围沟以利于排水。每亩大田所需的苗床净播种面积要根据茬口类型、品种特性、移栽秧龄以及栽插基本苗数等因素而定,一般常规早稻20平方米左右,杂交早稻10平方米左右,单季晚稻15平方米左右,连作晚稻60平方米左右。苗床每年应固定在同一块地上,以提高床土培肥效果。为提高土地利用率,可以合理安排茬口,接作蔬菜等各种作物。

(2) 苗床的制作和平床。

①土壤消毒。播种前先向苗床内泼浇大量水分,达到苗床内土壤水分饱和外溢即可,然后每平方米苗床用2克敌克松配成600~1000倍液均匀喷洒床面,对土壤进行消毒,以预防旱育秧苗发生立枯病。用包有塑料膜的木板或滚筒轻轻压平床面后播种。

②床土培肥。一般在播种前一年的秋季(9～10月),每平方米苗床均匀翻入碎稻草和畜栏肥各3～5千克,过磷酸钙150克。如9～10月前作未收获的,床土培肥处理推迟到11月进行,应采取经常向床土浇水、多次翻耕以及苗床覆盖地膜等措施,以促进稻草和畜栏肥的腐熟。床土培肥也可在播种前一年的秋季先将稻草、畜栏肥、过磷酸钙拌匀后集中堆沤,加以覆盖,防止雨淋,待稻草和畜栏肥腐熟后尽早均匀翻入苗床内。如选用土质疏松肥沃的菜地做苗床,则可在播种前3～5天向苗床内均匀施入适量的腐熟畜栏肥。苗床经过连续3年以上培肥处理后,可酌情减少有机肥的施用量,苗床在培肥期间可以种插蔬菜等作物。

③土壤调酸。旱育秧苗要求土壤呈酸性,适宜的pH为4.5～5.5之间。土壤pH在6.0以下,可以不调酸;若床土pH在6.0～6.5之间,可以通过施用过磷酸钙、硫酸铵等酸性化肥降低pH,也不必进行调酸;若床土pH在6.5以上,则应进行调酸处理,一般在播种前20～30天,每平方米苗床均匀施入硫磺粉50～100克。当然调酸与否还与播种时的气温有关:早稻播种时,气温较低,容易诱发立枯病,就应调酸;若播种时气温能稳定在13℃以上,则可以不进行调酸。

④苗床的整理及底肥的施用。一般在播种前3～5天选择晴天整理苗床,每平方米苗床均匀施入硫酸铵60～80克、过磷酸钙80克、氯化钾40克,施肥后多次全面翻耕床土,切实达到肥土均匀混合。若过磷酸钙等化肥成块状,则应事先进行粉碎过筛后施入,以防止因施肥不匀导致肥害伤芽、伤苗。施肥后就可以开沟做畦。一般苗床做成畦宽1.2米、沟宽0.3米、沟深0.1～0.15米;采用地膜平铺覆盖育苗的,苗床做成畦宽1.7米、沟宽0.3米、沟深0.1～0.15米,畦沟土集中破碎过筛,盖上农膜,防止雨淋,以备播种后作盖种用土。苗床要求上松下实,上细下粗,面平沟直。

## 3. 确定适宜播种期

要求适期早播。过早则温度低,出苗慢,出苗率低,生长慢,苗长势弱,容易烂秧;过晚则成秧率虽高,但影响栽秧。应根据气温变化、育秧

方式等确定播期,播期的确定还要根据品种、茬口、秧龄等不同而定。寒地水稻保温旱育秧,当日平均气温稳定在6℃以上,床内温度达12℃,床土温度为14℃左右时,即可开始播种,以争取较长的生长期,获取较多的积温。由于旱育秧苗耐寒性相对较强,如在两熟制早稻上应用,可以适当早播,一般可比半旱育秧栽培提早5~10天播种,浙江省多数地方的播种期可在3月15~30日。在经验不足的地方,播种期不宜过早。在三熟制早稻、单季晚稻及连作晚稻上应用,播种期应比常规半旱育秧栽培提早4~5天。

### 4. 精量播种技术

要培育壮秧,必须实行稀播。播种量的多少,要根据旱育秧的不同方式、秧龄长短、气温的高低、品种的特性和对分蘖的要求等条件来确定。原则上是秧龄长宜稀些,气温低可适当密些。要根据秧苗移栽叶龄及应用茬口而定,一般在冬闲田、绿肥田早稻及单季晚稻上应用,秧苗宜在3.5~4.5叶移栽,每平方米苗床播刚露白的芽谷190~240克;在三熟制早稻上应用,秧苗宜在4.5~5.5叶移栽,每平方米苗床播刚露白的芽谷140~190克;在连作晚稻上应用,每平方米苗床播刚露白的芽谷:杂交稻播20克左右,常规稻播100~120克。

稀播育壮秧是一项行之有效的增产措施。生产表明,稀播育秧可以利用秧田期育成素质好的多蘖壮秧,达到以蘖代苗、大量节省种子的目的。稀播育秧其秧龄弹性大,可推迟叶龄临界期的出现时间,起到了缓和早播与迟栽的矛盾,即使拖后移栽,在其他措施的配合下,同样也能获得高产。

### 5. 苗期管理

(1) 苗床管理。秧苗要实行见苗通风,如在出苗前温度过高,要适当通风降温以防烧芽。秧苗转绿后要逐渐加大通风量,以免床内温度过高使秧苗旺长或烧苗。在此期间,早晚要盖严薄膜,以防低温受冻。秧苗长出2~3叶时逐渐进行炼苗,之后视天气可揭膜。

①播种期至齐苗期。以保温保湿为主,严密覆膜。当膜内温度超

过35℃时,注意通风降温,或盖稻草遮阳,土壤含水量低于70%时(表土发白),应一次浇透水保湿。

②出苗期至一叶一心期。以调温控湿为主,促根下扎。膜内温度应保持在25℃左右,超过时必须打开两头通风降温。

③一叶一心期至二叶一心期。逐步炼苗降温,膜内温度保持在20℃左右。晴天上午10时将膜全部打开,下午4时前盖好膜;阴天中午打开1~2小时;雨天中午也要打开两头换一次气,但不能让雨淋在苗床上。二叶一心期前后每平方米用尿素5~10克,兑水1000倍均匀喷施作断奶肥,并喷清水洗苗。

④二叶一心期至移栽。二叶一心期结合追肥浇1次透水,保持土壤适宜水分。二叶一心期后期逐步揭膜炼苗,温度必须保持在12~20℃范围内,如遇寒潮雨天要及时盖膜挡雨护苗,移栽前3天追施送嫁肥,与上述断奶肥同量。浇水时只宜轻浇不可灌溉。

(2)水分管理。

①出苗阶段。苗床湿度是影响种子出苗率和出苗速度的主要因素。旱育秧出苗不齐和出苗率不高的主要原因是水分控制不当。芽谷播种后,土壤含水量必须达到一定的水平才能出苗,超过这个水平,随土壤含水量的增加,出苗率和出苗速度也迅速增加。当土壤含水量增至某一限度后,出苗率趋于平稳。据调查,揭膜前当床土相对含水量在70%~80%时,可保证芽谷有90%的出苗率,5~7天即可齐苗。此期的水分运筹措施为:在苗床精整后,分2~3次浇透底墒水,使0~5厘米土层处于水分饱和状态,要均匀不漏水,提高出苗率,保证出齐苗。芽谷播种覆盖营养土后,为防止营养土倒吸芽谷及苗床水分,防止土壤底墒消耗,需随即喷水淋湿达到饱和状态。

②齐苗揭膜阶段。齐苗揭膜后,秧苗周围的空气湿度急剧下降,叶面蒸腾大,而根部吸水往往供应不上,所以在揭膜的同时要及时补充土壤水分,边揭膜边浇1次透水;遇到高温天气,可在苗床上撒一层薄麦草,并喷水。一般晴天下午揭,阴天上午揭,雨天雨后揭;此时若遇低温寒潮,则延长盖膜时间,待寒潮过后再揭膜。

③齐苗揭膜至"断奶期"。此时的乳幼苗营养仍有胚乳供给,对外

界环境反应还不敏感,对水分胁迫有一定的忍耐性,但此时秧苗还小,根系还未完全建立,所以要求床土有一定的含水量。适当控制水分,促进种子根下扎,提高抗旱能力,若发现苗床土发白或叶片出现萎蔫现象时需适量浇水至床土湿润。

④"断奶期"阶段。此时稻谷中的养分已消耗殆尽,自身根系尚未完全建立,吸收水分能力较弱,而秧苗生长量又较前期大,对环境条件十分敏感,对干旱的忍耐力极差,是水稻整个生育期中对水分最敏感的时期,很容易因干旱而死苗。这段时间如连续晴天,则采取1~2天傍晚浇1次透水,满足秧苗生长对水分的需求,可防止青枯死苗和僵苗,有利于秧苗由异养向自养过渡。揭膜后,若秧苗发生立枯病,发病区每平方米苗床再增施50克壮秧剂(叶面无水珠时均匀撒施),然后浇水,可有效防治病害;另外,如出现脱肥,每平方米秧床可用硫酸铵或硝酸铵20~30克,兑成10%的溶液喷施,施后喷清水洗苗。

⑤叶期。由于秧苗在干旱条件下形成的独特生长习性,使根系生长快,吸收面积大,叶片生长较慢,地上部叶面积较小,因而秧苗对干旱具有较强的忍耐力,即使因干旱而卷叶也不会很快死亡,遇适宜条件又会很快恢复生机。但如因干旱出现叶片卷筒时应考虑秧苗的承受能力。揭膜至抛栽前,一般在秧苗叶片早晚无水珠或早晚床土干燥或午间叶片打卷时,选择傍晚或上午喷浇水1次,以3厘米表土浇湿为宜;但对土壤不太肥沃,较板结的秧床,以每次浇透水为好。只有严格控制苗期水分,才能增强本田期的生长优势。

这一阶段是控水旱育壮秧的关键,应严格控制苗床水分,即使中午叶片出现萎蔫也无需补水,但发现叶片卷筒时,要在傍晚适量浇水,但一次浇水量不宜大,喷水次数不能多,不卷叶则不浇水,以培育出具有"爆发力"的高素质旱育秧。

移栽前一天傍晚浇透水,或当天上午浇透水,下午拔秧。此次用水要掌握好量度,如果用水量过多,床土变烂,拔秧时带泥多,植株难以分开;若用水量过少或浇水后拔秧时间拖得过长,则失水后秧苗难拔,尤其是疏松度差的苗床,容易拔断根系,影响栽后立苗返青。

(3)立枯病防治。立枯病是水稻旱秧的主要病害,施用壮苗剂和苗期喷洒广枯宁是防止该病的主要措施,防治时间是在播种后第 12～15 天。这一防治时段不能提前或推后,这一时期施药对防治立枯病非常重要。施药方法:每平方米秧床用 1 克 70% 敌克松加 5 千克土或细沙,混合均匀后撒在秧床上,浇 1 次清水即可。在小秧管理中,若还发现立枯病,每平方米就用 1.5 克 70% 敌克松对成 600 倍液喷雾,或 20% 甲基立枯磷乳油 50 毫升对水 40 千克喷雾在 80 平方米的秧床上。揭膜后喷施 2～3 次,可有效控制立枯病。

(4) 早稻播种至出苗前,保温保湿以促早出苗、出齐苗。膜内温度超过 35℃ 时,两头揭膜通风。出苗后,适当通风,控温保湿。白天膜内温度控制在 25℃ 以下,傍晚后盖膜保温。秧苗一叶一心时,可每平方米苗床用 0.2～0.4 克 15% 多效唑可湿性粉剂配成 200 毫克/升溶液喷苗,以促秧苗矮壮。一叶一心至二叶一心期,容易发生立枯病,应增加通风、降温降湿。膜内温度控制在 20℃ 左右,一般要求晴天白天全天打开塑料膜通风,低温阴雨天也要酌情通风,但要防止雨水淋苗。要尽力保持床土干燥,使床土水分降到与一般旱地一样,即使床面出现细裂缝也不必浇水。若晴天中午秧苗叶片发生卷曲或早晨叶尖无露珠应适当洒些水。2.5 叶以后,苗体生长旺盛,苗床可适量浇水,但不能过湿,塑料膜日揭夜盖,到移栽前 3～4 天揭膜炼苗,并施好起身肥,每平方米苗床追施硫酸铵 20 克左右,施肥后用清水喷苗,以防肥害伤苗。采用打孔地膜平铺覆盖法的,在秧苗一叶一心期前膜内温度超过 35℃、一叶一心期至二叶一心期膜内温度超过 30℃ 时,应及时揭膜通风。2.5 叶以后除冷空气来临外,一般可不再盖膜,及早炼苗。

(5) 晚稻育苗管理技术主要是管好苗床水分。在出苗前尽量保持湿润,以促早出苗,促齐苗。出苗以后遇雨天,要防止苗床内积水,遇连续晴热天,应适当浇些水。

(6) 旱育秧还应重视苗床杂草及地下害虫的防治工作。

## （二）移栽技术

### 1. 确定适宜的基本苗

插秧规格采用宽行窄株法,一般常规稻采用(26.7～30)厘米×10厘米[(8～9)寸×3寸],杂交稻采用(26.7～30)厘米×13.3厘米[(8～9)寸×4寸];也可采用匀株密植法,常规稻16.7厘米×(13.3～16.7)厘米[5寸×(4～5)寸],杂交稻20厘米×(13.3～16.7)厘米[6寸×(4～5)寸]。常规稻每丛插3～4本,杂交稻每丛插1～2本。在有经验的地方,常规早稻旱育秧苗可以采用抛秧栽培,要求拔秧时(或铲秧后分秧)每丛秧苗有3～4本,然后将秧苗均匀地抛撒到大田,每亩大田要求抛足落田苗10万～12万本。

### 2. 适宜行株距的配置

双季早稻株行距16厘米×16厘米或13厘米×16厘米,每丛插2本;双季晚稻的株行距16厘米×20厘米,每丛插2～3本;一季稻株行距16厘米×30厘米,每丛插1～2本。插秧要做到"三浅",即浅水平田、浅水栽秧、栽浅秧,才能充分发挥旱育秧的"爆发"效应,栽秧时水层不能超过3厘米,栽插深度不能超过2厘米,以秧苗不倒为宜。

### 3. 移栽质量及要求

(1) 适时移栽,少本浅插。秧苗叶龄4～4.5叶即可起苗移栽。密植程度:常规稻20厘米×13.3厘米或20厘米×16.7厘米(6寸×4寸或6寸×5寸)、每丛3～4本秧;杂交稻20厘米×16.7厘米(6寸×5寸),每丛插2本。因秧苗小,要求露田插秧,插秧后灌浅水。采用抛秧的要控制落田苗,并尽可能抛匀。按照旱育秧四秧配四田、适度稀植的原则,小苗秧平均叶龄3.5叶,秧龄25天左右时,要及时插(抛)冬水田,每亩插1.5万～1.6万丛;中苗秧平均叶龄5叶,秧龄30天左右时,要及时插(抛)油菜茬口田,每亩插1.7万～1.8万丛;大苗秧平均叶龄

6.5 叶,秧龄 40 天左右时,要及时栽(抛)小麦茬口田,亩植 1.9 万~2.0 万丛;长龄秧叶龄 8 叶以上,秧龄 45 天以上时,要及时栽插,每亩插 2.1~2.2 万丛。

(2) 施足基肥,控施苗肥,补施穗肥。基肥亩施腐熟栏肥 750 千克、碳酸氢铵 25~30 千克、尿素 5.0 千克、过磷酸钙 20~25 千克、氯化钾 7.5~10 千克。苗肥(分蘖肥)一般不施,但苗势较弱的田块可酌情补施尿素 4~6 千克。穗肥在主茎倒二叶露尖时施,每亩用尿素 2.5~3.0 千克。

(3) 化学除草。移栽后 5~7 天,每亩用田草净 1 包(22 克)喷施或拌肥料撒施。

(4) 做好水肥管理及病虫害防治。

## (三) 高产水稻群体动态与产量构成指标

作物的群体是由众多个体组成的。表述群体大小的有形态、生理方面的许多指标,其中对提高结实期(抽穗至成熟期)群体光合积累量和产量起决定作用的指标称之为群体质量指标。这些指标的最优化组合实现了高产水平稳定重演,形成了群体质量指标体系。该体系具体包括 1 个核心指标、1 个基础指标、5 个形态生理指标和 1 个综合质量指标。

(1) 核心指标。是指结实期群体光合物质的积累量,即生产中培育群体的着眼点在于控制适宜数量,提高质量,提高花后光合生产力(即后期高光效)上。

(2) 基础指标。是指抽穗前的适宜叶面积指数,指能最大限度地截获太阳光能,获得最大的作物生产率和保持基部叶片有高于光补偿点的受光量的群体叶面积指数。在江苏省,孕穗期群体最适叶面积指数(LAI)为 7.0 左右(粳稻)或 7.0~7.5(杂交籼稻),一般各地的水稻品种均有相应适宜的 LAI。

(3) 形态生理指标。包括总颖花量、粒/叶(平方厘米)比、有效叶面积率和高效叶面积率、单茎茎鞘重和颖花根活量、根流量。

（4）综合质量指标是指成穗率。即在保证适宜穗数的前提下，提高群体的茎蘖成穗率是全面提高群体质量的综合指标。在精确栽插合理基本苗的基础上，促进分蘖早发，在有效分蘖临界叶龄期（$N-n$）够苗（总茎蘖数和预期穗数相等，切不可提前或者推迟一个叶龄）。此后的无效分蘖必须提早控制，使稻株进入无效分蘖叶龄期（$N-n+1$），分蘖明显减少，到拔节前一个叶龄期（$N-n+2$），分蘖停止，进入高峰苗期（切不可延迟到拔节期），高峰苗数控制在预期穗数的1.1～1.3倍。拔节后，无效分蘖逐渐消亡。同时要促进有效分蘖的发育，以利于形成大穗。至抽穗期无效分蘖应基本无存活，有效叶面积率应达90%以上。群体沿着这一数量指标发展，群体的成穗率就可以达到80%～90%，甚至90%以上。群体的各项质量指标可以全面优化，实现高产。

水稻产量构成因素包括单位面积有效穗数、每穗颖花、结实率和千粒重等，不同品种、不同群体对产量构成因素的要求是不一样的。徐正进认为，超高产品种的高产是以穗数的大幅度降低来换取穗粒数的更大幅度提高和千粒重的大幅度提高的，高生物产量是其高产的主要原因。程在全则认为，超高产水稻在有效穗数、穗粒数、千粒重和干物质积累总量等方面均要有优势。刘军特别强调超高产水稻的二次枝梗颖花结实率要有较大提高。杨惠杰确信超高产水稻应具有足够的穗数和穗粒数，建立巨库群体。张旭通过比较认为，高产早籼稻应有穗数高、穗粒多和谷秆比大的特征。李义珍分析了杂交稻高产结构发现，总粒数与产量关系最密切，对增产的贡献率最高，而穗数则是制约总粒数的主要因素。对两系亚种间（内）杂交稻进行研究已有大量文献，这些资料表明：两系杂交稻穗大粒多，优势突出，生物产量高，但结实性差，谷草比低，且易受环境条件影响；提高抽穗前储存物质运转率和保证抽穗期高光合条件，是其高产的主要途径。总之，水稻高产群体必须在抽穗前建造足够大的库容，抽穗后尽可能提高籽粒充实度。

高产群体的构建应抓住适宜穗数和成穗率。在适宜穗数的基础上，把成穗率提高到80%以上，主攻大穗多粒，是全面优化群体质量获得高产的基本途径。

任何高产水稻的形成，都是穗数和粒数的协调统一，进而获得足够颖花数的结果。产量水平从一个档次上升到另一个档次,必定是在增加亩颖花量的基础上实现的。增加总颖花量是靠增加穗粒数还是增大穗型,这就涉及高产途径问题。一般说来,连作稻的常规品种以多穗高产为主,杂交组合以穗粒数兼顾型为主。

早稻产量构成指标:每亩有效穗数为19万～22万穗,每穗粒数130～140粒,结实率85%～90%,千粒重27～28克。

晚稻产量构成指标:每亩有效穗数为20万～23万穗,每穗粒数110～140粒,结实率85%～90%,千粒重26～28克。

一季粳稻产量构成指标:每亩有效穗数为22万～26万穗,每穗粒数100～130粒,结实率80%～90%,千粒重25～28克。

一季籼稻产量构成指标:每亩有效穗数为16万～18万穗,每穗粒数160～190粒,结实率80%～85%,千粒重27～30克。

# 五、水稻强化栽培技术

## (一) 水稻强化栽培的起源与发展

水稻强化栽培技术体系(System of Rice Intensification,简称SRI)是由一位发达国家援助工作者Henri de Laulanie神父在马达加斯加首先发现的。1961年他来到非洲岛国马达加斯加,希望拯救这个国家普遍贫穷、境况悲惨的小农。他认真地观察了农民们栽种水稻(当地的主要粮食)的方法,并自己种植了试验田,测试哪种耕种方法最有效。20年以后,他终于能够把令人头痛的蛛丝马迹归纳到一起,得出一个令人惊叹的新观念:用较少量的谷粒栽种出更多的大米,现在被称为SRI的方法因而诞生。近年来,在印度尼西亚、菲律宾等国以及我国都在进行SRI的试验,初步显示了较大的增产潜力。水稻强化栽培体系是一项充分挖掘水稻品种产量潜力,促进水稻增产的新型栽培技术。与传统栽培技术比较,其特点是嫩秧早栽、稀植壮株、湿润强根、控苗壮秆、肥足高产(可比常规栽培增产15%以上)。

水稻强化栽培技术是由美国康乃尔大学的罗曼·约翰夫教授从马达加斯加水稻高产栽培技术提炼总结得出的,2000年由袁隆平院士首先把"水稻强化栽培"的概念引入国内指导超级稻栽培。我国水稻矮秆品种和杂交稻及其相应的配套栽培技术使全球水稻单产稳步提高,但由于这些技术是基于大量化肥、除草剂、杀虫杀菌剂应用的基础上发展起来的,加上水稻有水层灌溉,近几十年来也发现水稻产量下降、病虫的危害加剧、资源利用率低、环境污染、生产效益下降等不良现象。这些严重限制了水稻可持续发展,已引起国际社会的普遍关注。马达加斯加在发达国家支持下发展的水稻强化栽培技术,值得我们借鉴。

水稻强化栽培技术是一项以健壮个体为基础、发挥个体生产潜力、提高群体物质生产质量、实现水稻高产高效的栽培途径。其核心技术可归纳为:

(1) 肥床旱育壮秧,提高秧苗素质,培育发根优势。

(2) 幼苗移栽,超稀定植,利用水稻自动调节功能,在触发根系爆发力的同时,引发分蘖爆发力,提高分蘖成穗率,培育大穗优势。

(3) 营养生长期实行间歇轻度灌溉,有利于根际通气,促进根系生长,从而使水稻生长和产量潜力得以充分发挥。

## 1. 水稻强化栽培技术的发展概况

水稻强化栽培自 1983 年提出以来,主要在马达加斯加发展和应用。20 世纪 90 年代中后期 ATS 协会(Association Tefy Saina)开始与康奈尔大学协作改良传统农业,发展替代旱稻的水稻种植方法,水稻栽培研究作为稻作新技术得到进一步发展。康奈尔大学国际农业、粮食和发展研究所 Norman Uphoff 博士在推动水稻强化栽培在马达加斯加应用的同时,也把该项技术介绍到其他产稻国家,建立了水稻强化栽培技术国际协作网。1999 年以来,在孟加拉国、印度、菲律宾、斯里兰卡等国家的试验结果也显示了水稻强化栽培具有较高的增产潜力。

水稻强化栽培技术的 5 项核心技术中有某些技术与我国水稻高产栽培中应用的技术和思路极为类似。我国水稻移栽密度已从密植向稀植发展,特别是单季稻,过去每亩大多种植 2 万丛,现在大多在 1.0 万~1.5 万丛。大穗型、分蘖力强的品种和组合的选育为稀植提供了可能,同时发展宽行稀植,这样更有利于通风透光。现在水稻水分灌溉已从沟渠的淹水灌溉发展成"浅湿干"灌溉、好气灌溉,以改善土壤的通气性,促进根系生长,提高根系活力。

水稻强化栽培技术引入我国以后,我国有关研究单位结合当地实际开展了相应的试验研究,提出了秧苗旱育小苗移栽、畦垄做沟灌、免耕强化栽培、抛栽强化栽培、三超栽培、好气灌溉、有机无机结合施肥等技术,并提出了品种和组合的性状要求、适宜的密度、病虫害综合防治方法,对原来的水稻强化栽培技术体系作了较大的发展和改进。1999年南京农业大学的 SRI 密度试验,亩产量为 613～700 千克。湖南国家杂交水稻研究中心于 2000～2001 年从冬季到春季在三亚进行 8 个试点试验,产量比传统方法增产 10% 左右。中国工程院袁隆平院士于 2001 年在《杂交水稻》杂志上发表有关 SRI 的译文,并在全国不同生态区组织试验。2001 年,中国水稻研究所、湖南农业大学、四川农业大学、福建省农业科学院、安徽省农业科学院等单位以及不少农技推广部门也纷纷进行 SRI 的试验研究,取得不少令人振奋的结果。

研究表明,SRI 通过充分挖掘个体生产潜力来提高群体生产潜力,以足穗、大穗、高颖花量获得高产,是一种超高产栽培技术。尽管 SRI 存在分蘖成穗率较低,中耕除草费时费工等不足,大面积应用还有待进一步研究、示范和技术改进,但 SRI 的优势除了增产幅度大外,还有省种、省肥、节水等优点,其应用前景不可低估。

## 2. 强化栽培技术的基本特征

(1) 小苗移栽。因不同生态区的环境差异,在我国南方的水稻强化栽培中,一般秧龄延长到 15～20 天;在北方,由于温度低,秧龄可能延长。

(2) 单本、少本稀植。稀植的秧苗生长空间较大,能获得较多的阳光和空气,从而能产生更多的分蘖。同时,水稻稀植后,根系就有大量伸展的空间,根系更为发达,能更好地从土壤中吸取养分。因秧苗小,移栽时根系直,可以减少根系损伤。

(3) 干湿灌溉。移栽后 10 天土壤保持湿润,以后可以采取日排夜灌,保持土壤透气性,实行干湿交替灌溉法。移栽期浅水插秧;返青期土壤保持足够水分;分蘖前期湿润或浅水干湿交替灌溉,促进分蘖早生快发,分蘖后期跟传统灌溉一样够苗晒田;穗分化至扬花期,干干湿湿交替灌溉促大穗。

(4) 提倡无公害生产。强调多用有机肥、湿润间歇灌溉和中耕除草,改良土壤理化状态,培育根系发展,提高植株综合抗性,减少化学农药施用,实现无公害生产。

## 3. 水稻强化栽培的应用前景

水稻强化栽培体系如同其他增产技术一样,它既不可能完美无缺,也不可能被原样到处搬用,必须根据不同地域的气候生态条件,结合当地实际进行创新性研究,加以改进、完善和发展。尽管我国地域广大,南北气候、生态条件差异很大,水稻生产技术水平不等,但是各地所积累的丰富经验和技术,有许多类似和相同之处。例如上海市的小苗移栽,辽宁省的大垄栽培、乳苗抛栽、单株稀插、浅湿干交替间歇灌溉及节水栽培,黑龙江省的旱育稀植,吉林省梅河口市的宽行超稀植插秧,浙江省的"稀少平"栽培法,南方稻区旱育宽行增粒栽培技术,湖南、四川、江西等省的稻草秸秆覆盖,江苏省的群体质量与叶龄模式栽培等等。特别是当前,我国的水稻生产正在以大力开发优质稻米生产为重点,积极进行优质稻高产高效、无公害栽培技术的研究与应用,建立适合我国各地稻区实际情况的优质稻高产栽培技术体系。

(1) 个体生长势旺,增产潜力大。强化栽培植株地下部发根力强,地上部分分蘖优势明显,单株分蘖数成倍增加,穗粒结构平衡协调,穗型大,主要靠充分挖掘个体生产力潜能获得增产,是一种超高产栽培技术。其优势突出表现在:

①分蘖优势。分蘖发生早而快,单株分蘖数多。据考察,强化栽培单株分蘖数可高达30~50个,单株成穗数达15~20个,比常规栽培增加50%~100%。

②根系优势。根系分布深、广,白根多,根量大,肥水吸收能力强。据成熟期测定显示,强化栽培稻苗单体根系可达11.8克,比常规的6.9克增长71%。

③大穗优势。强化栽培一次枝梗数和二次枝梗数比常规栽培增多,每穗总粒数和实粒数增加。据测定,强化栽培平均每穗总粒数180~200粒,实粒数160~180粒,比常规栽培增加30~50粒。因此,穗粒结构协调,穗部性状优化是强化栽培获取高产的主要原因。此外,个体生长优势还表现为植株高大,茎秆粗壮,功能叶寿命延长,生物学产量高,经济系数大等。

(2) 节省成本,经济效益高。强化栽培采用小苗移栽能降低育秧成本,单本稀植能较大幅度减少用种量和移栽用工,并能节省大量秧田面积,以露田为主的灌溉方式是一种节水栽培。植株健壮,抗病虫能力增强,农药使用减少。因此强化栽培在获得增产增收的同时,主要是通过降低能耗、节省成本来增加效益。据核算,强化栽培一般每亩可节省种子1.5～2千克,约30元;节省秧田机耕费约20元;节省插秧人工费约40元;总计节省成本在90～100元,相当于增产10%左右,经济效益明显。

(3) 优化环境,生态效益好。强化栽培通过减少灌溉用水和增施有机肥,有利于改善稻田通透性和土壤含氧量,加强土壤微生物活动,使土壤地力得到活化;同时大大降低水稻耗水量,节省水资源。增施有机肥,减少化肥用量,这既是促进米质改良的有效措施,同时又改善了土壤的环境。因此,强化栽培有利于促进无公害稻米生产、绿色农产品生产和有机农业的发展,符合绿色农业和可持续发展农业的要求。

综上所述,水稻强化栽培技术体系,适于我国水稻优质、高产高效、可持续生产的发展方向。推广应用水稻强化栽培技术,对发展优质、高产、高效、安全的生态农业,推动农业结构战略性调整,确保粮食生产安全具有很大的意义。

## (二) 水稻强化栽培技术的基本原理和技术

### 1. 基本原理

(1) 小苗单体稀植使稻株植伤小,分蘖快,低位分蘖多,早够苗,充分发挥水稻分蘖优势。水稻有其自身分蘖的发生规律,当外界条件满足要求时,假设水稻分蘖终止期为12叶,其单株总蘖数可达41个;分蘖终止期为13叶,则单株总蘖数可达60个。这是康乃尔大学专家根据日本学者有关水稻分蘖模型计算推导出来的。

采用强化栽培的秧苗叶龄在3～4叶之前。最好在三叶一心期,秧龄15天为宜,不提倡多蘖老秧,老秧会大大丧失大量分蘖的潜力。小

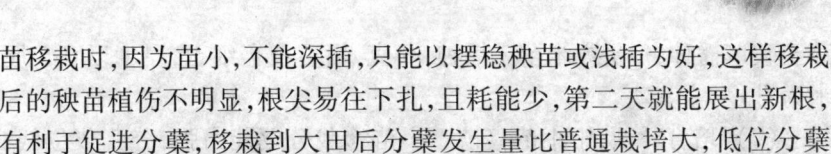

苗移栽时,因为苗小,不能深插,只能以摆稳秧苗或浅插为好,这样移栽后的秧苗植伤不明显,根尖易往下扎,且耗能少,第二天就能展出新根,有利于促进分蘖,移栽到大田后分蘖发生量比普通栽培大,低位分蘖多,有明显的早发优势,高位分蘖受到抑制。

(2)构筑地上部理想型叶框系。强化栽培的单株稀植为地上部茎叶提供有利空间,使茎叶生育质量得到提高。通气性良好,根系活力增强,根量增加,吸收力增强。

(3)根系发育特别好,且不易早衰,有充足的分蘖和谷粒数量。强化栽培通过强化对植物土壤和水分的管理,来提高稻体密度、数量和分蘖,增加有效穗,提高结实率和千粒重。强化栽培与常规栽培措施主要的不同点是稻田不建立水层,这种革新与小苗移栽具有相同的重要性,因为水稻不是"水生植物",在生长阶段仅需湿润且不饱和的土壤,应间歇性地进行干湿交替。同时,强化栽培注重施用有机肥,不仅可以有效改良土壤,增加土壤团粒结构,而且有机肥料释放养分比化肥慢得多,这对根系的生长更加有利。强化栽培有了强大的地下部分,地上部分的分蘖、叶片和谷粒数量就当然比普通栽培的多了。

(4)改善生态环境。改善田间水稻群体及个体生育的气候生态环境,缩小田内与边际之间优势的差异。

(5)提高光合生产率。采取单株稀植,全田水稻受光均衡,有利于提高光合生产率。

(6)库源关系协调,结实率高。据报道,强化栽培的叶面积指数在分蘖盛期达3.57,比普通栽培高24.39%;孕穗期达到最高峰的8.91,比普通栽培高21.39%,这时刚好是抽完剑叶即将抽穗的时候,叶面积最大。正是由于高叶面积指数,强化栽培在穗数、粒数、结实率和千粒重构成产量因子方面同时处于正效应,形成了协调的库源关系。

## 2. 关键技术

(1)适期播种。杂交稻于5月15日左右播种,常规稻于5月20日左右播种。品种应选用高产优质大穗型或穗粒兼顾型品种为宜。播种量以每亩大田精选种子0.5千克为宜。种子经严格消毒,浸种后催

芽至破口播种,每平方米苗床播种50克,播后覆盖细土,厚度以0.5厘米为宜。

(2) 培育壮秧,中小苗移植。小苗移栽分蘖能力强,分蘖节位低,有利于孕育大穗。因此,采用旱育秧或塑盘育秧方式,秧龄12~18天,叶龄2.1~3.5叶时移栽为宜。从苗床取秧后尽快移栽,小心摆苗或浅栽,尽量减少秧苗损伤和缩短缓苗时间。根据品种特性和当地生态条件适期播种,苗床每100平方米施有机肥100千克、氮磷钾三元复合肥15千克。播种量为10.0~22.5克/平方米。秧田期一般20天,秧苗长到5叶左右及时移栽到大田,保持根系不干。移栽时要求浅插,秧苗直立,减少根系损伤。

(3) 单株稀植。传统栽培密度为14厘米×14厘米,每穴2~3株,强化栽培密度25厘米×25厘米或30厘米×30厘米,每穴栽1株。前者用种量6.7千克/亩,后者用种量0.33~0.53千克/亩。具体到一块田的种植密度要根据品种特性、地力条件等实际情况而定,分蘖力强的密度可稀些,反之则密些;地力肥的密度可稀些,反之则密些。通过稀植的秧苗生长空间较大,能获得较多的阳光和空气,从而能产生更多的分蘖。同时,水稻稀植后,如果土壤状况良好,根系就有大量伸展的空间,根系更为发达,能更好地从土壤中吸取养分。杂交稻一般移栽密度为每亩栽8000~9000株,行株距(35~40)厘米×20厘米;常规粳稻移栽密度一般为每亩栽1.1万~1.2万株,行株距(30~35)厘米×20厘米。

(4) 中耕除草。移栽后1个月除1次草,用机械中耕除草,进行2~3次,通过中耕松土,使土壤通气。根据杂草群落选用除草剂,移栽后5~6天施用一次,孕穗前人工辅助除尽田间杂草。

(5) 干湿灌溉。稻田实行最低量灌溉,有利于土壤结构的改善。通气性良好,有利于根量增加和增强根系活力。要求移栽前1天放水耙平,田面平整,移栽时田面保持薄水层,以利浅插,提高移栽质量,返青后的整个营养生长期间实行间歇轻度灌溉,保持稻田湿润但无水层,促进根系和分蘖生长。进入生殖生长阶段,采用建立1~2厘米薄水层与漏田交替进行的灌溉方法,能使稻田保持湿润通气,对形成强大根系,促进地上部分生长,争多蘖、多穗、大穗有很大作用。

(6) 足肥高产。在20世纪80年代首次推行强化栽培时使用化肥,90年代初化肥价格暴涨,开始用有机肥试验,结果比用化肥的产量高。同样都是强化栽培,用化肥的产量为413.3千克/亩,而用有机肥的产量为680千克/亩,增加64.5%。强化栽培要求适当增加施肥量,纯氮比常规技术增加1~2千克,强调增施有机肥(亩施500~1000千克)。施肥方法上采取"前足、中稳、后补"原则。底肥以有机肥为主,速效化肥为辅,施足追肥和穗肥,满足高产的营养要求。总体要求做到前期轰得起(促进分蘖早生快发,及早够苗),中期控得住(减少无效分蘖数量,促进有效分蘖生长),后期稳得起(养根保叶,促进灌浆)。

(7) 综合防治。因为强化栽培田间不能以水压草,稻田无水层湿润灌溉有利于杂草发生,草害问题比较严重,因此要注意防治草害。草害控制以化学除草为主,及时选用安全高效的除草剂除草。有条件的也可采用中耕除草2次以上,第一次中耕除草要求在移栽后10天进行。中耕除草有利于土壤通气,改善根系生长环境条件。水稻强化栽培纹枯病一般很少发生,但螟虫的危害较重。害虫防治以螟虫、纵卷叶螟、稻飞虱等为主,可用锐劲特、杀虫双和扑虱灵等,在喷药时应增加用水量。

## (三) 水稻强化栽培标准化技术

### 1. 精量播种与壮秧技术

要发挥大穗型组合和品种的穗粒优势,争取低位分蘖生长和成穗,精量播种是培育壮秧的关键技术。

(1) 提高种子饱满度、种子质量和播种的质量,提高成苗率和秧苗的素质。有研究证明,饱满度差的种子的秧苗分蘖能力相对弱。

(2) 培育壮秧的第二个关键技术是控制播种量和用种量,以往生产上杂交稻播种量大多在10~15千克/亩,用种量在1千克/亩左右,而超高产品种播种量一般可在7~8千克/亩左右,用种量在0.6~0.8

千克/亩,秧本比为1:10。在精选种子、精量播种的基础上,配合浅水灌溉,早施分蘖肥,化学调控,病虫害防治等措施,达到苗匀、苗壮。

(3)适时早播。单季稻南方稻区掌握在5月15~20日播种。稀播应与精选种子相组合,可用比重为1.05的盐水或泥浆选种,并用25%施百克浸种。基肥每亩施20千克复合肥,应在做毛秧坂时施下,二叶一心期结合灌水,每亩施5千克尿素促进分蘖发生。秧田在四叶期左右看苗施一次平衡肥,并在移栽前3天施起身肥。秧田上水后水分管理以浅水层为主。据报道,秧苗期灌溉水的深度与秧苗分蘖和根系生长密切相关,灌水越深,分蘖和根系生长越少。浅水层灌溉,能促进秧苗分蘖的发生,促进根系生长,提高秧苗素质;而灌水深度达到4厘米时,则不利于秧苗分蘖的发生和根系生长,根冠比较低。同时秧田要注意病虫草的防治,特别是秧苗早期的稻蓟马。

## 2. 中小苗期栽培技术

水稻强化栽培体系的主要技术特征之一是中小苗移栽,发挥水稻的分蘖优势。据报道,秧龄越短,秧苗前期分蘖发得越快,较短秧苗移栽,能充分发挥水稻的分蘖优势,有利于低节位分蘖的发生,为增加有效穗数和每穗粒数打下良好的基础。水稻强化栽培体系适宜的移栽秧秧龄为18天左右,叶龄在4叶左右。此时秧苗小,运秧方便,易操作,移栽用工省。移栽后无缓苗期,起发快,低节位分蘖多,有效穗多,穗型大,增产潜力大。水稻强化栽培体系移栽秧龄不宜超过25天,如秧龄过长,秧苗移栽易受损伤,秧田已有的分蘖第5、6、7三叶蘖以上的潜在分蘖易损伤,造成低节位分蘖减少,同时移栽后易败苗,有明显的缓苗期,影响稻苗早生快发,从而影响产量。

## 3. 施肥技术

在施肥中,主要是控制氮肥用量,提高钾肥的用量。水稻施肥应根据土壤供肥情况,补充水稻对肥料的需求。高产水稻需施氮约10~12千克,施钾12千克,施磷5千克。在此总量的基础上,考虑到水稻生育期对氮、磷和钾的吸收量,应采用分期施用。一般亩施50千克饼肥或

750千克有机肥,并施4千克纯氮,同时施过磷酸钙30千克,氯化钾6~10千克。栽后5~6天,施分蘖肥,分蘖肥施纯氮约4.5千克,占总氮肥量的35%左右,即每亩15~20千克复合肥、4千克尿素,另外每亩施氯化钾5千克,根据品种生育期的长短和土地保肥状况,分蘖肥可一次施,也可两次施。穗肥可在倒二叶出生过程中施用,这次施肥应结合气候和水稻长相,如水稻长相较健壮,叶片挺直,长短适宜,阳光充足,可适当多施;如水稻生长较旺,叶片过长,阴雨天气,可少施或不施。

4. 水分管理技术

(1) 移栽期。寸水插秧。即旱耕,水平整地后平整田面,使田面深浅一致。只有这样才能使全田水、肥、气、热保持一致,保证秧苗生长好。整地质量要求达到地面平如镜,高低差不超过3厘米,"寸水不漏泥"的程度。重施有机肥作基肥,一般每亩施750~1000千克猪、牛栏肥或饼肥50千克,钙镁磷肥40千克,氯化钾10千克,纯氮(尿素)5~6千克。基肥中的氮肥和钾肥作全层肥施用,磷肥作面肥施用。插秧前灌水3厘米左右,自然漏干。

(2) 返青期。寸水施肥、除草、打药。在移栽后5天早施分蘖肥和除草剂,一般灌水3厘米左右,能提高土温、水温,促进土壤养分分解,分蘖节处的光照和氧气充足,能促进分蘖的发生和生长。早施分蘖肥,在分蘖始期,追施氮肥,以满足水稻大长叶、长分蘖的需要,每亩施用复合肥20千克和尿素4千克,尿素最多不超过5千克。施肥不可过晚,否则易引起徒长倒伏。除草已普遍应用除草剂,不仅可以消灭稻田杂草,又可减轻大量的繁重劳动。

(3) 分蘖期。湿润灌溉分蘖,指分蘖期要以湿润灌溉为主。稻根生长在土壤中,而土壤微生物的旺盛活动会大量消耗土壤中的氧气,造成缺氧,特别是在淹水条件下会使土壤中积累大量有毒的还原性物质(如硫化氢等),这对于稻根特别是新生根危害很大。分蘖期湿润灌溉使得根际氧化还原电位高,氧化力强,促进养分吸收和分蘖早发、大分蘖、基部分蘖增加。

(4) 搁田期。由于分蘖期湿润灌溉,土壤易沉实,排水易干。因此,水稻强化栽培排水控苗效果好。

(5)穗分化期。搁田结束,开始覆水,进行湿润管理。在倒三叶露尖时,根据田块苗情,亩施10千克复合肥。

(6)孕穗开花期。寸水孕穗开花。该期是水稻需水临界期,田间要保持3厘米左右水层。

(7)灌浆结实期。湿润灌浆结实是指从灌浆结实开始以后,要以湿润灌溉为主。因为这段时间吸收养分多,必须满足水分的供应,但又因为此时地上部向地下根系的供氧距离较长,通气组织又缺乏,很需要直接向土壤供氧,所以采用湿润灌溉为好。当脚踩到田里,脚能下陷3厘米左右深时,灌一次浅水,让其自然落干后再灌上浅水,这样一干一湿到黄熟,节水效果显著。花后可根据水稻生长状况适量施复合肥,结合病虫防治,叶面喷施磷酸二氢钾。

综上所述,水稻强化栽培不同时期的水分管理模式就是在整个水稻生长期间,采用"三浅三湿一干",即插秧时灌寸水,便于返青、活棵;施肥、除虫时灌寸水,以水带氮提高肥料利用率,提高除虫效果;孕穗开花期灌寸水,防止颖花退化;分蘖期、穗形成期和结实期进行浅水灌溉和湿润灌溉,干干湿湿;够苗时排水搁田。实施好气灌溉,增加土壤含氧量,改善土壤生长环境,促进根系生长和深扎,提高根系活力,提高肥料的利用率,水稻结实率和籽粒充实度。

# 六、水稻免耕直播技术

## (一) 水稻免耕直播技术的发展

### 1. 水稻免耕直播技术的发展概况

免耕直播稻是指在收获上一季作物后未经任何翻耕犁耙的稻田，先使用灭生性除草剂灭除杂草和落粒谷幼苗、催枯稻桩，灌深水沤田，待水层自然落干、施基肥后，将已催芽露白的水稻种子直接播种到大田生长的水稻。

水稻直播栽培历史久远，人类早期的稻作方式是从直播开始的。新中国成立前，我国就有直播稻种植，20 世纪 50 年代我国北方稻区曾一度大面积推广水稻直播技术，南方稻区 20 世纪 60 年代也采用过此技术，只是因为直播稻产量低，不少地方先后改为移栽稻。20 世纪 70 年代，北方稻区为了节水、抗旱，又研究和发展了一种水稻旱种式的直播稻生产，面积曾达到 10 万公顷。而在我国一些气候寒冷、人多地少的地区，直播栽培一直以来是稻作栽培的主要方式，如黑龙江省、新疆维吾尔自治区在 1982 年的直播稻面积仍占水稻总面积的 70%。随着气候的变迁和社会的进步，移栽稻逐步成为稻作生产的主要方式，并在很大程度上克服了直播稻存在的易倒伏、杂草多、产量低等问题，极大地提高了水稻产量，推动了稻田多熟制种植和集约化栽培的发展。

而现代文明又为直播稻这一古老的稻作方式提供了新的发展契机，随着工业化、城市化和市场经济的发展情况，逐步采用机械化直播的集约栽培是不可逆转的主要趋势之一。美国、澳大利亚 20 世纪 70

年代以后几乎全部实行机械化直播种稻。欧洲主要产稻国如意大利、西班牙几乎全部是直播。作为水稻主产区的亚洲,直播稻面积已达到2900万公顷,约占亚洲水稻总面积的21%,其中东南亚各国直播稻面积不断扩大,印度直播稻面积已达1200万公顷,马来西亚、菲律宾、泰国等国家的直播面积呈上升趋势,韩国则把机械化直播稻作为省力、低成本及集约稻作的主要发展方向之一。在我国,由于社会经济的快速发展,近年来在农村经济较发达的地区,农村劳动力结构发生了很大变化,大批农业劳动力向第二、三产业转移,兼业化农户大量增加,减少劳动力用量和减轻劳动强度成为现代稻作普遍关注的焦点和社会发展的迫切需求。在这种情形下,水稻直播栽培技术作为一种简便易行、省工省力、高产高效的轻型栽培技术,在许多地区得到迅速推广。此外,一些矮秆抗倒、生育期适宜、高产稳产水稻品种的育成,化学除草剂的广泛应用,农业机械化程度的不断提高和现代耕作栽培技术的不断进步也为直播稻的再度兴起提供了物质和技术基础。水稻直播栽培技术受到越来越多稻农的欢迎和采纳,并在实践中显露成效,特别是在我国东南沿海经济较发达地区发展较快。据调查统计,2000年浙江省直播稻面积为21.5万公顷;上海市直播稻面积为12.3万公顷,占水稻种植面积的60.5%;江苏省直播稻面积约为16万公顷,其中南通市郊区80%的水稻为直播栽培;全国每年的直播稻面积大约在120万～150万公顷。

水稻直播技术又分为翻耕直播和免耕直播。免耕(no-tillage)是指在未翻耕的土地上直接播种或者栽种作物的方法,也可称为直接播种法(direct-drilling)、零耕法(zero-tillage)等。美国是世界上较早开展免耕栽培研究的国家,免耕栽培是在人们不断遭受"黑风暴"袭击和严重水土流失的危害教训后逐渐发展起来的。1935年美国成立了土壤保持局,研究改良传统耕作方法,研制深松铲、凿式犁等不翻土的农机具,推广少耕、免耕和种植覆盖作物等保护性耕作技术。20世纪60年代以后,随着除草剂的使用,机械化免耕覆盖技术得到发展,特别是80年代后发展迅速。根据保护性耕作信息中心统计,截止到2000年,全美国采用保护性耕作措施的农田面积已达4415万公顷(占耕地总面积的

37.0%),其中免耕占44.0%(占耕地总面积的16.3%)。此外,英国、加拿大、法国、马来西亚、印度等相继进行了免耕试验和推广。到目前为止,已有近30个国家和地区开展免耕技术的研究和推广,面积达到$5 \times 10^8$公顷,但绝大多数为旱地作物覆盖免耕。如英国比较成功的免耕栽培作物是冬小麦和油菜,加拿大、澳大利亚、德国、俄罗斯等国家在旱地进行了秸秆覆盖的少耕和免耕。

  稻田免耕的研究落后于旱作,日本是最早将水稻免耕直播作为耕作制度及栽培措施来研究的国家,随后,伊朗、马来西亚、印度尼西亚、印度等国家也开始在水田推广少免耕栽培。我国水稻免耕研究始于20世纪70年代,其中以侯光炯的"自然免耕"理论和杜金泉开展的"免耕稻作高产的技术与应用"研究最为系统、完善,并于20世纪80年代在南方稻区大面积推广自然免耕法(又称半旱式免耕法或垄作免耕法)。侯光炯等为解决中国南方冷浸低产稻田的产量问题,研究并提出了自然免耕即半旱式免耕和垄作式免耕理论。自20世纪70年代以来,水稻少免耕耕作法在我国得到不断实践和推广应用,各种轻型化栽培技术的不断涌现,促进了水稻免耕研究的进一步发展,并演化出不同的免耕方式,如北方稻区的少免耕直播栽培、南方稻区的旋耕直播栽培、坂田直播撬穴免耕栽培、直播栽培、坂田直播、秸秆覆盖免耕、免耕移栽、免耕抛秧等。

  由于免耕能减少用工和劳动强度,降低生产成本,改善土壤结构,提高种稻效益;水稻直播技术省工、省力、省成本、节约秧田;由免耕技术与直播技术进一步发展形成的水稻免耕直播栽培技术,具有明显的省工、节本、增效的特点。吴洁远、黄示瑜在广西壮族自治区合浦进行的3年的试验示范结果表明,水稻免耕直播比常规直播产量略有增加或基本持平,但是水稻免耕直播省工、节支,不用翻耕犁耙,水土流失少,经济、生态效益较高。2004年7月在广西壮族自治区南宁市召开的全国水稻轻型栽培技术现场观摩暨经验交流会指出,为促进粮食增产和农民节本增收,我国将重点推广水稻抛秧、免耕抛秧、直播水稻、再生稻等4项水稻轻型栽培技术。计划在近期内将水稻轻型栽培技术面积发展到3亿亩左右,占水稻面积的60%以上,其中直播水稻面积8000万亩。

## 2. 水稻免耕直播技术的基本特征

水稻免耕直播技术是指在收获上一季作物后未经任何翻耕犁耙的稻田,先使用灭生性除草剂灭除杂草和落粒谷幼苗等,灌深水沤田,待水层自然落干后,整平畦面,将已催芽落白的水稻种子直接播种到大田的一种水稻直播栽培技术。具有免翻耕、省秧地、省工节本、简便易行、劳动生产率高、保护生态平衡、高产高效等优点。

(1) 省工省力,低耗高效。水稻免耕直播技术省去了翻耕与育秧移栽等环节,大大节省了水稻生产的用工量,减轻了农民的劳动强度,提高了劳动生产率,节本效果显著。按浙江省耕耙地和插秧的平均价格算,免耕可节省开支50元/亩,直播可节省开支100元/亩。由于免耕直播播前需灭老草,除草剂开支将增加,每亩需多支出10元左右,但即便如此,采取免耕直播后每亩可比翻耕移栽多节本140元。

(2) 出苗率提高。免耕直播只经适当平田后就撒播种子,不破坏耕作层,而且表土经过一个冬季的晒垡,土壤通气性改善,沥水速度快,加上表层松软,利于发芽扎根,烂种发生概率大为降低,因而出苗率提高。据田间调查显示,早稻和单季晚稻在播种量为6千克和4千克的条件下,免耕直播每平方米内的苗数,早稻为205株,单季晚稻166株,分别比对照多27株和18株,提高15.38%和12.12%。

(3) 分蘖出生早,分蘖势强,起发快。免耕直播因种子播于坂田,入土浅,加上稻田表土层土壤肥沃,通气良好,供养能力强,因而出苗早,起发快,苗体健壮,早期分蘖多。据田间苗情动态调查显示,免耕直播具有明显的早发优势。播后17天,秀水63免耕直播平均单株带蘖达0.89个,比对照多0.57个;播后23天,平均带蘖3.6个,比对照多1.6个;播后30天,平均带蘖4.97个,比对照多0.62个。最高苗的出现时间比对照提早7天左右。观察认为,免耕直播之所以具有明显的早发优势,其主要原因在于免耕直播表土层经晒垡风化,土壤中的有效养分得到释放,土层变肥,加上通气性改良,使早期土壤养分供应能力增强。稻苗表现为叶色浓绿、叶片厚,苗体健壮,稻苗素质提高,为早发提供了保障。

## 3. 水稻免耕直播技术的适用范围及需要解决的问题

(1) 适用范围。无论是双季早、晚稻田,还是中稻、单季晚稻田都可应用。具体田块宜选择在水源充足、排灌方便、田面平整、耕层深厚、保水保肥能力强的稻田进行,而易旱田和浅瘦漏的砂质浅脚田不适宜作免耕直播田。低洼田、冷浸田在免耕化学除草前要开好围沟和十字沟,注意排水。另据多点多种类型茬口免耕直播试验示范,无论麦茬、油菜茬、绿肥茬及其他经济作物茬口,均取得较高的产量,免耕直播具有较强的生态适应性。

(2) 需要解决的问题。

①免耕田相对粗糙零乱的环境与水稻育苗精细管理的矛盾。

②免耕泡田直接育苗水分要求与稻田保水能力的矛盾。

③免耕直播环境草害猖獗与苗期化除复杂技术要求的矛盾。

这些矛盾最终表现为成苗与除草两个难点:

一是基本苗不足。由于免耕田相对粗糙零乱的环境与传统水稻育苗的精细管理存在较大的差异,免耕直播稻田经常会出现缺苗问题,导致基本苗不足。其原因主要有:免耕田过密过深的死亡杂草或其他障碍物导致种子不能确实落地出苗;土壤保水能力差或泡田不足,缺水造成缺苗或出苗不整齐;播期遇雨积水烂种;鸟、鼠、鸡偷食种子。

二是草害。水稻免耕直播十分有利于杂草的生长。首先,免耕对杂草的消除不如翻耕,杂草种类和数量都会增加。其次,直播稻低播量、低基本苗、低群体起点的高产栽培条件,决定了直播稻田前期秧苗的盖度很小,稻苗在五叶期的盖度仅为8%~10%,对杂草的竞争作用很小。第三,稻苗在三叶期前采取的控水、立苗、扎根的栽培技术,使土表氧化层增厚,客观上为杂草种子的萌发创造了良好的土壤环境,促使大量杂草的生长。此外,够苗以后多次轻搁控苗的肥水运筹技术,客观上也为杂草的生长提供了较好的环境。第四,上年残留稻粒形成自生苗(局部现象,但不能化除)成为杂草稻。因此,免耕直播稻田草害严重,具有杂草种类多、发生时间早的特点。杂草与稻苗争肥、争地、争光,严重影响稻苗的正常生长。据测定,在不防除杂草的情况下,产量损失高达70%~80%,主要表现是有效穗减少,每穗粒数降低,空秕率增加,千粒重下降。直播稻田与移栽稻田比较,杂草危害指数增加37.24%~84.65%,而且危害程度也有所不同,其中Ⅰ级(轻度)减少62.22%,Ⅱ级(中等)增加192.39%,Ⅲ级(严重)增加573.98%。

水稻田杂草的发生危害与水稻栽培方式密切有关,王强等(2000年)对不同栽培方式的水稻田杂草危害程度进行了调查:在水稻直播田,由于杂草与稻苗同步生长,生长空间大(稻株密度稀),水管理条件不同,因而杂草总体发生较重,如直播田整个杂草群落三级以上危害率和危害指数分别可达95.4%和78.8%,明显高于移栽田(37.4%和46.1%)。同时,比较水稻直播田和移栽田各种杂草的发生情况,稗草和千金子等相对喜旱性杂草在直播田的发生几率远远高于移栽田(直播田密度可达9~216株/平方米),而直播田中水芹、野荸荠等相对喜湿性杂草则明显减少,其他杂草如陌上菜、节节菜、异型莎草等在直播田和移栽田中发生均较高。

## (二) 水稻免耕直播技术的基本原理

### 1. 基本原理

(1) 免耕直播有利于保持良好的土壤环境。传统精耕细作的作用在于要破坏由于地面蒸发失水,导致土壤干板而形成的硬块状结构,控制杂草。因此,凡是土壤有疏松湿润状态的结构,就绝对没有精耕细作的必要,且控制杂草条件下的作物免耕栽培不会降低产量。

大量研究表明,水稻免耕栽培有利于改善土壤的理化性质,如魏朝富等研究了垄作免耕下稻田团聚体和水热状况的变化,发现垄作免耕下的稻田土壤中≤0.01毫米的土粒团聚度有增大的趋势。张勇勇等发现免耕旱播比翻耕移栽土壤通气孔隙增加了1.03%~5.03%,<0.01毫米的微团聚体差别不大,0.05毫米和0.25毫米的粗微团聚体增加20.5%和8.3%。冯跃华等(2006年)试验表明,与翻耕直播稻田相比,免耕直播稻田0~5厘米土层容重降低了3.55%,总孔隙度、毛管孔隙

度、通气孔隙度和毛管持水量分别增加了4.80%、1.59%、39.85%和7.04%,10~20厘米土层的毛管孔隙度和5~10厘米土层的通气孔隙度也分别增加了11.14%和73.74%,5~10厘米土层的pH增加了3.53%;0~5厘米土层的有机质、全氮、碱解氮、有效磷的含量分别增加了3.32%、15.60%、8.34%、36.64%,说明免耕有利于养分在0~5厘米土层富集,直播稻田免耕不会引起土壤的酸化。免耕土壤团聚体的增加,表明土壤供储养分能力的增加,同时土壤容重降低,有利于土壤水分和土壤空气的消长平衡,增大土壤对环境水、热变化的缓冲能力,为植物、微生物的生命活动创造良好的生态环境。免耕留茬增加了植物根系残留物,使土体构型向着适合当地生物气候条件方向的自然土壤成土过程土体构型方向发展。残茬覆盖免耕有利于维持土壤上层良好的物理结构,使土壤渗透性得到改善,对于保持土壤水分和防止侵蚀具有重要意义。

而免耕种植有利于土壤理化性质改善的原因,首先是在免耕条件下,作物根系腐烂后形成若干根孔,根孔有助于水分下渗和空气交换。同时残茬覆盖作为地面障碍物,避免雨水直接打击土壤和破坏土壤结构,还能拦截径流,防止风蚀与水蚀。此外,秸秆残茬覆盖还能够增加土壤表层有机质含量,改善土壤结构。免耕不翻动土壤,较翻耕能保持良好的耕层构造的另一个原因是由于翻耕后土壤大孔隙过度增加,持水能力降低,失墒严重;受降水、灌溉和土壤重力等因素的影响,耕后土壤迅速沉实,总孔隙与充气孔隙度迅速衰减。而免耕与坂田持水孔隙与充气孔隙的比例较为适宜,协调而稳定。

(2)化学除草剂有效防除杂草。除草剂的快速发展使通过施用除草剂来取代耕翻、中耕等措施而实现除草成为可能,避免了机械作业的副作用。目前全世界生产的除草剂品种多达300个左右,制剂有6000多种,在农药市场中除草剂已占46%。目前,在我国登记用于水稻直播田的除草剂品种有100个左右,其有效成分主要包括:丙草胺、苄嘧磺隆、吡嘧磺隆、二氯喹啉酸、二甲戊灵、苯噻酰草胺、精恶唑禾草灵、丁草胺、二甲四氯、禾草丹、灭草松、恶草酮、千金、环丙嘧磺隆等。

## 2. 关键技术

(1) 确保全苗。做好种子处理和催芽,播种前种谷必须经过选种、晒种和浸种消毒(消毒药剂可选用10%浸种灵乳油),催芽至种谷露白后即可播种。分畦定量播种,播种时带秤下田,按坂定量,均匀播种,播后塌谷,一般优质常规稻品种每亩用种3~4千克、杂交稻1.0~1.5千克为宜。播种前要灌水泡坂,等水自然落干、平坂后直接播种。播种时要疏通环田沟、厢沟,做到田面无积水,并注意消灭鼠雀害。

(2) 灭除杂草。控制杂草是直播稻田管理的关键环节之一,常采用"一封二杀三补"的策略。"一封":针对杂草基数较大的田块,若没有前茬矛盾,采用播前给直播稻田灌水的方法,先诱发杂草,在杂草出土后进行机械耙地灭草或用除草剂灭草,降低杂草基数。南方多熟制地区,播种受前茬限制,可在播后苗前,趁土壤潮湿时,及时施用除草剂封闭土壤,防除第一批杂草。"二杀":在播后10~15天,水稻2~3叶期施用除草剂,防除第一高峰期杂草。"三补":对那些优势杂草和有第二出草高峰的杂草,应根据"一封"、"二杀"后的除草效果,于播后30天补杀。

(3) 防止倒伏。由于直播稻根系下扎浅,后期常可造成大面积倒伏,收割困难,对产量影响大。为防止倒伏,要选择矮秆、耐肥、抗倒品种,在栽培上要科学管水、管肥,保证晒田质量,增强水稻茎秆韧性;一定要开好田间一套沟,结合田间管理逐步加深围沟、腰沟、丰产沟,以保证灌排畅通。增施磷、钾肥,后期不施或少施氮肥,防止贪青倒伏。

## 3. 效应评估

(1) 经济效应。

①省工节本。水稻免耕直播技术省去了翻耕与育秧移栽等环节,大大节省了水稻生产的用工量,减轻了农民的劳动强度,提高了劳动生产率,节本效果显著。因省去了翻耕犁耙环节,节省了翻耕犁耙的费用,预计每亩可节约开支40~50元。与传统的手工移栽相比,直播稻劳动效率可提高3~5倍。据徐鞠晖(2001年)的研究结果表明,中稻

移栽田用工为 165 个/公顷,直播中稻用工为 127.5 个/公顷,直播稻可比移栽稻节省用工 37.5 个/公顷,而且直播稻栽培减少了移栽稻的拔秧、洗秧、挑秧、插秧等环节,并由弯腰插秧改为站着直播,大大减轻了劳动强度。根据湖北省农垦事业管理局统计,直播稻采用机械化作业,从耕地到收获入仓平均用工 45~53 个/公顷,比一般移栽稻节省用工 173~258 个/公顷。据中国水稻研究所种子工程技术中心 1994 年资料显示,直播稻每公顷可节省用工 52.5 个。此外直播稻不占用秧田,可节省专用秧田,有利于扩大播种面积,提高复种指数,避免占用秧田造成的减产问题。

②增产增效。对于免耕直播稻,多数研究表明,由于没有秧田生长期,全生育期和营养生长期都有较大幅度的缩短,其中全生育期缩短 6~25 天,并且分蘖发生早,单株分蘖能力增强,分蘖速度快,达到最高苗数的时间缩短,虽成穗率低,但有效穗数较多,有利于形成高产。陈友荣等研究认为免耕直播有利于分蘖分生,且具有低位分蘖及成穗优势,生育后期功能叶片和根系的生理活性强,比翻耕移栽增产 1.4%~6.5%,降低生产成本 22%~44%。周易天等从产量和经济效益等方面论述了麦茬免耕直播种稻的可行性,并调查了 3.33 公顷试验示范片,结果免耕直播稻平均单产 7.91 吨/公顷,用工 4200 小时/公顷,比翻耕移栽稻增产 186.8 千克/公顷,节省用工 382.5 小时/公顷,按当年人工工资和粮价计算,免耕直播共增收 1115.1 元/公顷。邹应斌采用免耕直播的 2 公顷示范田,平均产量达 8.27 吨/公顷,比对照的 7.4 吨/公顷增产 765 千克/公顷。此外,免耕直播栽培每季节省牛工费约 900 元/公顷,节省人工费约 900 元/公顷,两项共计节省成本 1800 元/公顷,减去增加的种子、种衣剂以及除草剂的成本 300 元/公顷,可节支 1500 元/公顷,增收节支合计达 2265 元/公顷。

③生态效应。免耕直播有利于改善土壤理化性质。国内外研究表明,采用免耕种植技术,是防止土壤侵蚀和流失的最有效方法。因为采用免耕种植技术,减少了对土壤的搅动次数,加之有秸秆残茬覆盖,使土壤上层有机质含量增多,土壤结构得到改善,非侵蚀性团粒增加,渗水性改进,保持水土的效果非常明显。

## (三) 水稻免耕直播栽培标准化技术

### 1. 免耕稻田的播前处理

(1) 消灭老草。在播种前10天左右,用速效灭生性除草剂克瑞踪灭茬除草,喷药时应选择晴天,按配方兑足水量,均匀喷药。

(2) 整地灌水。待老草基本枯死以后,开好竖沟和围沟,并进行"削高填低",稍作整地;然后进行灌水泡坂,灌水宜深灌,能起到以水控草的效果;再根据田间实际,整平畦面,待水自然落干、田面无积水时播种。

### 2. 精量播种与播后管理

(1) 做好种子处理和催芽。播种前种谷必须经过选种、晒种和浸种消毒(消毒药剂可选用10%浸种灵乳油)。催芽至种谷露白后即可播种。

(2) 分畦定量播种。播种时带秤下田,按坂定量,均匀播种,播后塌谷,一般优质常规稻品种每亩用种3~4千克、杂交稻1.0~1.5千克为宜。

(3) 防治鼠雀危害。有条件的地方事先可进行统一灭鼠,也可在谷种中加入拌种剂,用35%好年冬干拌种剂(美国FMC公司生产),每包10克可拌种1~1.2千克。种子经催芽拌种后播种,可有效防止灰飞虱、稻蓟马对秧苗的危害,同时也可起到驱避鸟类和鼠害的效果。同时提倡同一田畈连片同时播种,能降低鼠雀危害密度。

(4) 除草。播后立苗前,用40%直播净兑水后对畦面进行喷雾封杀。出苗后至三叶期视草情选用选择性除草剂进行补杀;也可选用"两次直播净"法,即在第一次施用直播净后25~30天,也就是在第一次直播净已失去控草效果,第二批杂草将要发芽时,再选用直播净封闭。

### 3. 施肥技术

每亩施过磷酸钙25~30千克、碳酸氢铵25千克作基肥,于播种前一天傍晚施下;于三叶期每亩施尿素、氯化钾各4千克作断奶肥,促早生快发;于六叶期每亩施尿素8~10千克、氯化钾6千克或三元复合肥15千克作壮蘖肥。当达到计划苗数时进行晒田控蘖,减少无效分蘖,提高成穗率,使亩有效穗控制在22万~25万穗。中期攻穗增粒。在幼穗分化期前结束晒田,在叶色转淡的基础上施幼穗分化肥,主穗幼穗分化2~3期时每亩施尿素、氯化钾、复合肥各3千克。免耕直播稻穗数多,密度大,后期一般不施肥,田间保持湿润,使禾苗在抽穗时期明显转青,增强植株抗病虫能力,提高结实率和千粒重。

### 4. 水分管理技术

水浆管理是控制群体发展的一种重要手段,灌水技术应采用湿润好气灌溉。即幼苗期保持坂面湿润,露灌结合,干湿交替促进出苗、扎根;中期以浅水湿润灌溉为主,当苗数达到目标穗数的80%时,及时搁田,控制无效分蘖。搁田易采取多次轻搁、露搁结合的方法。后期干干湿湿,防止由于断水过早而引起的早衰或结实率下降。

# 七、水稻病虫草害综合防治技术

## （一）病虫草害综合防治策略

### 1. 病虫害的预测预报

准确的病虫害灾情监测和预报，是实现科学防治病虫害的基础和前提。因此，加强农作物病虫发生动态监测，提高病虫灾情预报的准确性，建立宏观与微观相结合的病虫害灾情动态、防治决策等信息传输网络，通过电视、广播、计算机终端显示或其他方式，实现直接指导农民进行病虫害防治等，是当前国内外农作物病虫害防治技术研究和应用发展的一个重要方面。

### 2. 农业与物理防治

农业防治就是在不减损作物应有产量的前提下，改变人力能够控制的诸多因素，使害虫的虫口密度保持在经济为害水平以下。"农业防治是从农业生态系统的总体观念出发，以作物增产为中心，通过有意识地运用各种栽培技术措施，创造有利于农业作物生产和天敌发展、不利于害虫发生的条件，把害虫控制在经济损失允许密度以下。"农业防治对害虫的防治作用十分明显，它采用的各种措施除直接杀灭害虫外，主要是恶化害虫的营养条件和生态环境，调节益、害虫的比例，达到压低虫源基数，抑制其繁殖或使其生存率下降的目的。主要途径有：

（1）消灭黑尾叶蝉越冬场所。冬闲田翻犁，铲光（或用除草剂去除）田边、沟边杂草，茭白田冬季清园，消灭黑尾叶蝉越冬寄生，压缩越冬虫源。

(2) 选用抗(耐)病高产良种,稻田合理布局,压缩单、双混栽面积,将熟期相同的水稻品种连片种植,连作晚稻秧田连片集中育苗,预防黑尾叶蝉在不同熟期水稻品种上辗转迁移传毒,便于提高治虫防病效果。

(3) 加强肥水管理、培育壮秧,促进稻苗早生快发,提高抗病力。

(4) 及时拔除秧田及本田初期的病苗病株。

物理防治的主要途径有:

①采用人工捕杀。如螟虫可采取摘卵块、拔枯心苗;稻纵卷叶螟、稻蝗、赤斑黑沫蝉等害虫可以采取人工捕杀的方式进行捕杀,减轻危害,减少施药。

②利用害虫的趋性。如采用佳多频振式杀虫灯进行灯光诱杀或性激素诱杀等。

③人工薅锄或拔除杂草。拔除杂草以及病虫染害植株,如牧草、玉米大螟虫株、水稻恶苗病株。

## 3. 生物防治

(1) 利用赤眼蜂防治稻纵卷叶螟。赤眼蜂是卵寄生蜂,种类很多。我国研究利用较多的有稻螟赤眼蜂,是稻纵卷叶螟的天敌。一般可采用人工繁殖赤眼蜂,在26～28℃的条件下,6～8天即可完成一代。在害虫产卵始盛期开始放蜂,每隔2～3天放1次,连续放3次。放蜂量要根据害虫卵的密度大小而定,一般放蜂1万～3万头。放蜂应均匀,放蜂点的多少应根据蜂虫的扩散能力和温度高低、风向、风速等条件而定,一般每亩为3～5处。放蜂的方法多采用将即将羽化出蜂的卵卡放入竹筒或用大而厚的植物叶片制成的放蜂筒内,并用小棍连接成"T"字形,插于田间,略高于作物。放蜂10天后,即可根据卵色变化检查寄生情况。如寄生卵呈黑色,大面积防治效果一般应达70%以上。

(2) 利用蜘蛛防治水稻害虫。蜘蛛属节肢动物门,蛛形纲,蜘蛛目,种类多,数量大,都为肉食性;分布在农田、果园、森林中,能捕食多种害虫。稻田蜘蛛是水稻害虫的主要捕食性天敌,主要有草间小黑蛛、

拟水狼蛛、拟环纹狼蛛等，占蜘蛛总量的70%～80%。稻田蜘蛛捕食稻飞虱、福叶蝉、稻螟、稻纵卷叶螟、稻苞虫、稻螟蛉和蚜虫等。一头拟环纹狼蛛可捕食4～6头水稻害虫，一头草间小黑蛛一天可捕食2～3头。据观察，稻田蜘蛛与稻飞虱、稻叶蝉数量之比为1:4时，对虫害可以起到控制作用。对稻田蜘蛛的利用，主要采取保护自然资源，加以必要人工助迁的方法，并尽可能在田埂种植大豆作物，以便在春耕时作蜘蛛的暂避场所。农田施用化学农药应选用高效、低毒、具有选择性的农药，并改进施药方法，减少施药面积和次数。如防治稻螟可用呋喃丹颗粒剂、巴丹、杀虫双，既可防治害虫，又可保护蜘蛛及其他天敌少受杀伤。

(3) 利用食虫脊椎动物防治水稻害虫。例如养鸭防治水稻害虫，在我国主产稻区开展养鸭防治水稻害虫效果很好。鸭能捕食稻田的稻飞虱、稻叶蝉、螟蛾、粘虫、稻苞虫、叶甲等。养鸭防治水稻害虫的经验是：根据禾苗的生长特点和害虫发生规律，分批养鸭。禾苗刚插未活前不能放鸭下田，分蘖期宜放小鸭下田；圆秆孕穗期大、小鸭可混放；抽穗灌浆期只能放中、小鸭，不能放大鸭。养鸭数量按每亩2～3只小鸭即可。放鸭前稻田应放7～8厘米水，以利于鸭的浮动而振动害虫落水。值得注意的是，稻白叶枯病流行区及保护利用蜘蛛和蛙类治虫的田，则不宜放鸭。

(4) 保护蛙类，防治水稻害虫。两栖动物中的蟾蜍、雨蛙和青蛙等统称为蛙类。它们主要以昆虫及其他小动物为食料。蛙类捕食的水稻害虫有：大螟、二化螟、三化螟、稻飞虱、稻叶蝉、稻蝗等。蛙类食量大，如一只黑斑蛙每天能吃70～90头稻叶蝉或稻飞虱，泽蛙一天最多可吃稻叶蝉266头。因此，要严禁捕捉青蛙，采取措施，保护蛙类。在春季采集蛙卵，建立蝌蚪繁殖基地，待其长至3厘米即分养到大田中去，要保持田里有水并注意改进施肥方法，以保护蝌蚪。

## （二）化学农药使用要求

### 1. 用药品种的选择及剂量要求

选择适当的施药方法才能发挥农药的效果。选择合适的农药和使用方法,必须加强病虫的测报工作,掌握用药的关键时期。药剂防治时期一般是在病虫一生中的薄弱环节,也是作物最易受害的危险期,要做到在大量发生之前消灭病虫。要严格按照规定的浓度和用量施药,如浓度过低,则效果差;浓度过高,则浪费农药,还有可能使农作物产生药害,增加残留等。配药时用清水,先配成少量的母液,再配成规定的浓度。如果病虫同时发生,可将农药混合使用,以提高用药效果。

### 2. 施用化学农药的安全间隔期

所谓化学农药施用的安全间隔期,是指农作物在生产过程中的最后一次施药时间至农产品采收必须间隔的时间(天),这是无公害农产品生产上的强制性规定。不同药剂有不同使用浓度(剂量)与相应的安全间隔期,在具体使用时应认真按照农药标签上的说明进行严格把关。

### 3. 农药的轮换与复合用药技术

长期在水稻上使用单一品种的农药不仅会使该种农药的残留量增加,而且使病虫产生抗性。因此,在水稻病虫害无公害防治中必须对所选用的农药进行合理轮换:如用吡虫啉拌种可有效防治秧苗期稻蓟马、稻飞虱的危害,以代替以往使用呋喃丹、甲拌磷撒秧坂的习惯;秧苗移栽前用1次锐劲特可控制大田移栽返青期二化螟、稻纵卷叶螟的危害,以代替秧苗期和大田期大量施用甲胺磷的习惯。通过替代使用这些低毒、高效农药,稻谷中的有机磷含量会大大降低,大米品质才能达到无公害大米的要求。

## (三) 主要病虫草害及防控

### 1. 主要病害

(1) 稻瘟病。稻瘟病又名稻热病、火烧瘟、叩头瘟,是世界性真菌病害。稻瘟病是我国南北稻作区危害最严重的水稻病害之一,与纹枯病、白叶枯病并称水稻三大病害。

**病原** Phyriculariagrisea(Cooke)Sacc.(称灰梨孢)、Pyriculariaoryae Cav.(称稻梨孢),属半知菌亚门真菌。有性态为 Magnaporthegrisea Barr.属子囊菌亚门真菌,自然条件下尚未发现。分生孢子梗不分枝,3~5根丛生,从寄主表皮或气孔伸出,大小为(80~160)微米×(4~6)微米,具2~8个隔膜,基部稍膨大,淡褐色,向上色淡,顶端曲状,上生分生孢子。分生孢子无色,洋梨形或棍棒形,常有1~3个隔膜,大小(14~40)微米×(6~14)微米,基部有脚胞,萌发时两端细胞立生芽管,芽管顶端产生附着胞,近球形、深褐色,紧贴附于寄主,产生侵入丝侵入寄主组织内。该菌可分作7群,128个生理小种。

**为害症状** 因为害时期、部位不同分为苗瘟、叶瘟、节瘟、穗颈瘟、谷粒瘟。苗瘟发生于三叶期前,由种子带菌所致。病苗基部灰黑,上部变褐,卷缩而死,湿度较大时病部产生大量灰黑色霉层,即病原菌分生孢子梗和分生孢子。叶瘟在整个生育期都能发生,分蘖至拔节期为害较重。由于气候条件和品种抗病性不同,病斑分为4种类型。慢性型病斑开始在叶上产生暗绿色小斑,逐渐扩大为梭菜斑,常有延伸的褐色坏死线;病斑中央灰白色,边缘褐色,外有淡黄色晕圈,叶背有灰色霉层,病斑较多时连片形成不规则大斑;这种病斑发展较慢。急性型病斑在感病品种上形成暗绿色、近圆形或椭圆形病斑,叶片两面都产生褐色霉层,条件不适宜发病时转变为慢性型病斑。白点型病斑感病的嫩叶发病后会产生白色近圆形小斑,不产生孢子,气候条件利其扩展时,可转为急性型病斑。褐点型病斑多发生在高抗品种或老叶上,针尖大小的褐点只产生于叶脉间,较少产孢,该病在叶舌、叶耳、叶枕等部位也可发病。节瘟常在抽穗后发生,初在稻节上产生褐色小点,之后渐渐绕节扩展,使病部变黑,易折断,发生早的形成枯白穗,仅在一侧发生的造成茎秆弯曲。穗颈瘟初形成褐色小点,发展后使穗颈部变褐,也造成枯白穗,发病晚的造成秕谷,枝梗或穗轴受害的造成小穗不实。谷粒瘟产生褐色椭圆形或不规则状的斑,可使稻谷变黑,有的颖壳无症状,护颖受害变褐,使种子带菌。

**发生规律** 病菌以分生孢子和菌丝体在稻草和稻谷上越冬,翌年产生分生孢子,借风雨传播到稻株上后,萌发侵入寄主并向邻近细胞扩展发病,形成中心病株。病部形成的分生孢子借助风雨传播,进行再侵染,所以播种带菌种子可引起苗瘟。适温高湿,有雨、雾、露存在的条件下易于发病。菌丝生长温限 8~37℃,最适温度 26~28℃。孢子形成温限 10~35℃,以 25~28℃最适,相对湿度 90% 以上。孢子萌发需有水存在并持续 6~8 小时,在适宜温度下才能形成附着胞并产生侵入丝,穿透稻株表皮,在细胞间蔓延,摄取养分。阴雨连绵,日照不足或时晴时雨,或早晚有云雾或结露条件,病情扩展迅速。品种抗性因地区、季节、种植年限和生理小种不同而异。籼型品种一般优于粳型品种。同一品种在不同生育期抗性表现也不同,秧苗四叶期、分蘖期和抽穗期易感病,圆秆期发病轻;同一器官或组织在组织幼嫩期发病重;穗期以始穗时抗病性弱。偏施或过施氮肥易于发病;放水早或长期深灌导致植株根系发育差,抗病力弱,植株发病重。

**防治时期** 预防穗瘟必须抓住三大关键点,才能取得好的防治效果。一是抓住水稻破口抽穗期施第一次药。对前期苗瘟、叶瘟发病田,易感病品种,常发病区,在齐穗期再补施第二次药。二是选准对路药剂,用足剂量。对前期苗瘟、叶瘟发病田,施用 30% 克瘟散 100 毫升或 40% 稻瘟灵 100 毫升加 75% 三环唑 20 克,其他田块用 75% 三环唑 20 克预防。三是统防统治,群防群治,封锁疫情。避免你防他不防,造成稻瘟病蔓延流行。

**防治方法**

①因地制宜选育和合理利用抗病良种,注意品种的合理配搭与适期更替;加强对病菌小种及品种抗性变化的动态监测。

②减少菌源,实行种子消毒。用 20% 三环唑 1000 倍液浸种 24 小时,并妥善处理病秆,尽量减少初侵染源。

③抓好以肥水为中心的栽培防病,提高植株抵抗力,做到施足基肥,早施追肥,中期适当控氮制苗,后期看苗补肥。用水要贯彻"前浅、中晒、后湿润"的原则。

④加强测报,及时喷药控病。苗瘟、叶瘟可防可治,而穗瘟却只能施药预防,一旦发病,就无药可治,损失不可挽回,只能望病兴叹。

⑤化学防治。每亩用 40% 富士一号 800~1000 倍液均匀喷雾,或

75%三环唑可湿性粉剂20～30克兑水喷雾,或13%稻洁可湿性粉剂80～100克兑水喷雾,或75%丰登可湿性粉剂20～30克兑水喷雾。

预防稻瘟病的药剂可与防治水稻二代螟虫(俗称钻心虫)的药剂现配现用,在水稻破口抽穗期施药,达到一次用药兼治病虫。

(2)水稻纹枯病。水稻纹枯病是我国稻区的主要病害之一,属真菌病害,又称云纹病。全国凡种植水稻的地方均能发生,目前不论是发生面积、发生频率、造成产量损失等均居各病害之首。苗期至穗期都可发病。

病原 Thanatephorus cucumeris (Frank) Donk.(称瓜亡革菌),属担子菌亚门真菌。无性态为 Rhizoctoniasolani Kühn(称立枯丝核菌),属半知菌亚门真菌。致病的主要菌丝融合群是 AG-1,占95%以上;其次是 AG-4 和 AG-Bb(双核线核菌)。从菌丝生长速度和菌核开始产生所需时间来看,R. solaniAG-1 和 AG-4 较快,而双核丝核菌 AG-Bb 较慢。在 PDA 上23℃条件下 AG-1 形成菌核需时3天,菌核深褐色圆形或不规则形,较紧密,菌落色泽浅褐至深褐色;AG-4 菌落浅灰褐色,菌核形成需3～4天,褐色,不规则形,较扁平,疏松,相互聚集;AG-Bb 菌落灰褐色,菌核形成需3～4天,灰褐色,圆形或近圆形,大小较一致,一般生于气生菌丝丛中。

为害症状

①叶鞘症状。近水面处产生暗绿色、水浸状、边缘模糊的小斑,之后渐渐扩大呈椭圆形或云纹形,中部呈灰绿或灰褐色,湿度低时中部呈淡黄或灰白色,中部组织被破坏呈半透明状,边缘暗褐色。发病严重时数个病斑融合形成大病斑,呈不规则状云纹斑,常致叶片发黄枯死。

②叶部症状。病斑呈云纹状,边缘褪黄,发病快时病斑呈污绿色,叶片很快腐烂。

③茎秆症状。初为污绿色,后变灰褐色,常不能抽穗,抽穗的秕谷较多。湿度大的病部长出白色网状菌丝,后汇聚成白色菌丝团并形成菌核,菌核深褐色,易脱落。高温条件下病斑上会产生一层白色粉霉层。

发生条件 病菌主要以菌核在土壤中越冬,也能以菌丝体在病残体上或在田间杂草等其他寄主上越冬。第二年春天春灌时菌核漂浮于水面与其他杂物混在一起,插秧后菌核黏附于稻株近水面的叶鞘上,条件适宜时生出菌丝侵入叶鞘组织为害,气生菌丝又侵染邻近植株。早稻菌核是晚稻纹枯病的主要侵染源。菌核数量是引起发病的主要原因,每亩有6万粒以上的菌核,遇适宜条件就可引发纹枯病流行;高温高湿是发病的另一主要因素,气温在18～34℃都可发生,以22～28℃为最适。发病相对湿度为70%～96%,90%以上为最适。长期深灌,偏施、迟施氮肥,水稻郁闭,徒长都能促进纹枯病的发生和蔓延。

**防治时期** 苗期至抽穗期。

**防治方法**

①彻底清除稻田周围的杂草,以消灭野生寄主。

②稻草要经过高温堆沤腐熟后,才能作肥料施用。

③春耕整地灌水时,将下风头的水上漂浮浪渣打捞干净(里面带有很多菌核),并带回家晒干火烧,以减少菌源。

④采用东西行向栽插,利于稻株基部接受较多的阳光和通风透气。插植规格要合理,提倡适当稀植争大穗。

⑤多施基肥,氮、磷、钾搭配施用,防止偏施氮肥,以保证稻苗稳健生长,增强抗病能力。

⑥科学排灌,防止串灌,浅水勤灌,够苗后适时适度晒田,以降低田间湿度,湿润壮秆,干干湿湿到成熟。

⑦化学防治:每亩选用20%井冈霉素可湿性粉剂25克,或5%井冈霉素水剂100毫升,或30%爱苗乳油15毫升,或25%三唑酮可湿性粉剂50克,或75%纹枯灵悬浮剂50毫升,兑水50升,喷雾防治。

## 2. 主要虫害

(1) 二化螟。二化螟是我国为害水稻最为严重的常发性害虫之一,全国各稻区均有分布,较三化螟和大螟分布广,以长江流域及华南稻区发生较重。近年来发生数量呈明显上升的态势,全国年发生面积超过2.5亿亩次,是发生面积最大的害虫。田间可见近似种芦苞螟 *Chilolutellus* (Motschulsky),主要为害芦苇,形态上易与二化螟混淆。

**为害对象** 除水稻外,还有茭白、野茭白、玉米、甘蔗、稗草、芦苇等禾本科植物,早春越冬代幼虫还能为害油菜、绿肥、麦苗和蚕豆等。

**为害症状** 幼虫钻蛀稻株,因为害部位和水稻生育期的不同,初孵幼虫先群集叶鞘内取食内壁组织,造成枯鞘,若正值穗期可集中在穗苞中为害造成花穗;2龄后开始蛀入稻茎为害,分蘖期造成枯心,孕穗期造成枯孕穗,抽穗期造成白穗,成熟期造成虫伤株。同一卵块孵化的不同幼虫或同一幼虫的转株为害常在田间造成枯心团、白穗团。幼虫常群集为害,钻蛀孔圆形,孔外常有少量虫粪;一根稻秆中常有多头幼虫,多者可达几十甚至上百头,受害秆内虫粪较多。

**形态特征** 雌成蛾体长12~15毫米,额部有1个突起,头胸部及前翅黄褐色或灰褐色,前翅散布少量金属光泽鳞片;雄虫体长10~12毫米,前翅翅面散布褐色小点,中央有紫黑色斑点1个,其后另呈斜形排列3个同色小斑点,外缘有7个小黑点;雌虫前翅外缘同样有7个小黑点,但翅面褐色斑点少,无紫黑色斑。卵呈鱼鳞状单层排列成卵块,外覆透明胶质物。幼虫通常6龄,也有5龄和7龄,2龄以上幼虫腹部背面有暗褐色纵线5条,两侧最外缘的纵线(侧线)为横贯气门的气门线,头部淡红褐色或淡褐色。蛹多在受害茎秆内(部分在叶鞘内侧),被薄茧,具羽化孔,初期淡黄色,背部可见5条棕色纵线,后变为红褐色,纵纹消失,蛹额中部凸起,腹末略呈方形,有8个突起。近似种芦苞螟成虫额部有2个突起,前翅有较多铅色鳞片;幼虫背部除了有5条明显的纵线之外,两侧气门下线下方还各有1条不连续的淡色线,因此纵线共有7条;蛹末端略呈半圆形,仅有6个突起。

**发生规律** 在我国一年发生1~5代,由北往南递增,东北地区一年发生1~2代,黄淮流域2代,长江流域、广西壮族自治区及广东省2~4代,海南省5代。多以4~6龄幼虫于稻桩、稻草及茭白、田边杂草中滞育越冬,未成熟的幼虫春季还可以取食田间及周边绿肥、油菜、麦类等作物。

成虫多在晚间羽化,趋光性强,羽化后3~4天产卵最多,每雌产卵2~3块,每块卵第一代平均39粒,第二代83粒;喜选择植株较高、剑叶长而宽、茎秆粗壮、叶色浓绿的稻株产卵,卵产于叶片表面。

蚁螟(初孵幼虫)多在上午孵化,之后大部分沿稻叶向下爬或吐丝下垂,从心叶、叶鞘缝隙或叶鞘外蛀入,先群集叶鞘内取食内壁组织,造成枯鞘;2龄后开始蛀入稻茎为害,造成枯鞘、枯心、白穗、花穗、虫伤株等症状。幼虫有转株为害习性,在食料不足或水稻生长受阻时,幼虫分散为害,转株频繁,为害加重。幼虫老熟后多在受害茎秆内(部分在叶鞘内侧)结薄茧化蛹,蛹期耗氧量大,灌水淹没会引起大量死亡。

二化螟因受耕作制度和气候因素的影响,一年中的发生数量变化有不同类型,如"一代多发型"、"二代多发型"和"三代多发型"。

天敌对抑制二化螟发生有较大作用。寄生性天敌主要有卵期的稻螟赤眼蜂、松毛虫赤眼蜂,幼期有多种姬蜂、多种茧蜂及线虫、寄生蝇,其中卵寄生蜂最重要,其寄生率可高达80%~90%。

**防治方法**  采取"防、避、治"相结合的防治策略,以农业防治为基础,在掌握害虫发生期、发生量和发生程度的基础上合理施用化学农药,条件具备时,还可选用抗虫转基因水稻品种。

农业防治主要采取消灭越冬虫源、灌水灭虫和避害、利用抗虫品种等措施。

①冬闲田在冬季或早春3月底以前翻耕灌水,稻草中含虫多的要及早处理,也可把基部10~15厘米先切除烧毁,可显著降低越冬虫口数量。

②合理安排冬作物,晚熟小麦、大麦、油菜、留种绿肥要注意安排在虫源少的晚稻田中,可减少越冬的基数。

③尽量避免单、双季稻混栽的局面,可以有效切断虫源田和桥梁田,降低虫口数量。不能避免时,单季稻田可提早翻耕灌水,降低越冬代数量;双季早稻收割后及时翻耕灌水,防治幼虫转移为害。

④单季稻区则可适度推迟播种期(如在浙江省嘉兴市可推迟1周),可有效避开二化螟越冬代成虫产卵高峰期,降低危害。

⑤水源比较充足的地区也可以根据水稻生长情况,在第一代化蛹初期,先放干田水2~5天或灌浅水,降低二化螟化蛹部位,然后灌7~10厘米深水,保持3~4天,可使蛹窒息死亡;第二代二化螟1、2龄期在叶鞘为害,也可灌深水淹没叶鞘2~3天,有效杀死害虫。

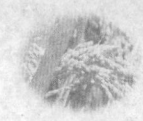

⑥利用抗虫品种。同稻纵卷叶螟相似,目前缺少对二化螟具有效抗性的常规水稻品种,生产上能利用的只有少量中抗或耐虫品种。近年来,我国育成了一批转 Bt 基因或胰蛋白酶抑制剂(CpTI)基因抗虫水稻,高抗螟虫(二化螟、三化螟)与稻纵卷叶螟,一旦获准商品化生产,可望为防治二化螟提供一种最为有效、可靠、经济的手段。

化学防治仍然是当前最为重要的二化螟防治措施,为充分利用卵期天敌,应尽量避开卵孵盛期用药,一般在早、晚稻分蘖期或晚稻孕穗、抽穗期螟卵孵化高峰后 5~7 天,枯鞘丛率 5%~8%;早稻每亩有中心为害株 100 株或丛害率 1%~1.5% 或晚稻为害团高于 100 个时用药。

生产上使用较多的药剂是杀虫双、杀虫单、三唑磷等,一般每亩用 80% 杀虫单粉剂 35~40 克、25% 杀虫双水剂 200~250 毫升,或 20% 三唑磷乳油 100 毫升,兑水 50~75 千克喷雾,或兑水 200~250 千克泼浇,或 400 千克大水量泼浇;用 25% 杀虫双水剂 200~250 毫升或 5% 杀虫双颗粒剂 1~1.5 千克拌湿润细干土 20 千克,制成药土撒施。此外,采用杀虫双大粒剂,改过去常规喷雾为浸秧田,采用带药漂浮载体防治法能提高防效。杀虫双防治二化螟还可兼治大螟、三化螟、稻纵卷叶螟等,对大龄幼虫杀伤力高,施药适期弹性大,但要注意防止家蚕中毒。

然而,目前我国有许多稻区的二化螟对杀虫双、三唑磷已产生严重抗药性,这些地区可以选用效果好、药效期较长的 5% 锐劲特胶悬剂 25~30 毫升喷雾或泼浇。考虑到锐劲特价格较贵,且对大螟效果较差,可以与其他农药如三唑磷等混用。

此外,每亩用 1.8% 农家乐乳剂(阿维菌素 1 号)15~20 毫升,或 42% 特力克乳油 30 毫升,或 50% 杀螟松乳油 50~100 毫升,或 50% 杀螟腈乳油 100~150 毫升,或 90% 晶体敌百虫 100~200 克也可有效防治二化螟。

采用上述各种方法施药期间,保持 3~5 厘米浅水层 3~5 天可提高防效。

(2)灰飞虱。灰飞虱在全国各稻区均有分布,以长江中下游地区及华北稻区发生较多,其中长江中下游地区仅在早稻上数量较多,但近年在部分稻区晚稻穗期亦有为害。

**为害对象** 除水稻外,还有大麦、小麦、玉米、稗、李氏禾、狗尾草、千金子、双穗雀稗等禾本科植物。

**为害症状** 成虫、若虫都以口器刺吸水稻汁液为害,一般群集于稻丛中上部叶片,但近年发现部分稻区水稻穗部受害亦较严重。虫口大时,稻株因汁液大量丧失而枯黄,同时因大量蜜露洒落在附近叶片或穗子上而孳生霉菌,但较少出现类似褐飞虱和白背飞虱的"虱烧"、"冒穿"等症状。灰飞虱是传播条纹叶枯病等多种水稻病毒病的媒介,所造成的危害常高于直接吸食危害。

**形态特征** 长翅型成虫(连翅长)雄虫体长3.5毫米,雌虫体长约4毫米;短翅型雄虫体长2.3毫米,雌虫体长2.5毫米,均较小。成虫额、颊黑色;雌虫头顶、前胸背板黄色,中胸背板淡黄色,两侧暗褐色,在整体上可见头胸部背面有黄色或淡黄色纵带;雄虫仅头顶、前胸背板黄色,中胸背板深黑色。卵长椭圆形,稍弯曲,前端细于后端。若虫5龄,胸背面沿正中有纵行浅色部分,后端与腹部背面中央浅色的中纵线相连,腹部第4、5节有"八"字形浅色斑纹,附近有一个较周围色浅的区域,腹部各节分界明显,腹节间有白色的细环圈。落水后若虫后足向后伸呈"八"字形,"八"字张开角度小于白背飞虱。

**发生规律** 我国北方稻区一年发生4~5代,江苏省、浙江省、湖北省、四川省等长江流域稻区发生5~6代,福建省7~8代,田间世代重叠。属本地越冬害虫,以3~4龄虫(少量5龄虫)在麦田、紫云英或沟边杂草上越冬。灰飞虱在稻田出现远比褐飞虱、白背飞虱早。华北稻区越冬若虫在4月中旬至5月中旬羽化,在迟嫩麦田繁殖1代后迁入水稻秧田和直播本田、早栽本田或玉米地,6、7月大量迁入本田为害,至9月初水稻抽穗期至乳熟期第4代若虫数量最大,为害最重;南方稻区越冬若虫在3月中旬至4月中旬羽化,以5~6月早稻中期发生较多。

灰飞虱有较强的耐寒能力,但对高温适应性差,生长发育最适温度23℃,超过30℃发育速率延缓、死亡率高、成虫寿命缩短。卵历期最短5~7天,若虫期最短13~16天,雌虫产卵前期4~8天。雌虫一般产卵数十粒,越冬代较多,可达500余粒。卵产于植株组织中,雌虫喜于生长嫩绿、高大茂密的植株产卵,每个卵块多含 5~6 粒卵。

在田间喜通透性良好的环境,栖息于植株较高的部位,并常向田边聚集。成虫翅型变化稳定,越冬代多为短翅型,其余各代以长翅型居多,雄虫除越冬代外几乎全为长翅型。

**防治方法**

①3月开始调查越冬卵的数量。

②于2月卵孵化前火烧枯叶,彻底清除田边塘沟杂草。

③在越冬代 2~3 龄若虫盛发时,喷洒 10% 吡虫啉可湿性粉剂 1500 倍液,或 30% 乙酰甲胺磷乳油,或 50% 杀螟松乳油 1000 倍液,或 20% 扑虱灵浮油 2000 倍液,或 50% 马拉硫磷乳油,或 50% 混灭威、20% 杀灭菊酯、2.5% 溴氰菊酯乳油 2000 倍液,在药液中加 0.2% 中性洗衣粉可提高防效。

(3) 褐飞虱。别名褐稻虱、稻褐飞虱,分布于除黑龙江省、内蒙古自治区、青海省和新疆维吾尔自治区以外的所有省区,尤以我国长江流域及以南的各省发生量大。

**为害对象** 食性较单一,只为害水稻及普通野生稻等稻属植物。

**为害症状** 成虫、若虫都能为害,一般群集于稻丛下部,密度很高时或迁出时才出现于稻叶上。用口器刺吸水稻汁液,消耗稻株营养,并在茎秆上留下褐色伤痕、斑点,分泌的蜜露引起叶片烟煤;严重时,稻丛下部变成黑色,逐渐全株枯萎。被害稻田常先在田中间出现"黄塘"、"穿顶"或"虱烧",甚至全田荒枯,造成严重减产或颗粒无收。此外,褐飞虱传播的齿叶矮缩病还见于福建、广东、江西等省一带,表现为相应病害的症状。

**形态特征** 成虫有长、短两种翅型,长翅型连翅长 3.6~4.8 毫米,前翅端部超过腹末;短翅型雌虫体长 4 毫米,雄虫约 2.5 毫米,前翅端部不超过腹末。体色分为深色型和浅色型,长翅型的头与前胸背板、中胸背板均为褐色或黑褐色;短翅型全体黄褐色,仅胸部腹面和腹部背面较暗。

卵呈香蕉状,产于叶鞘或叶片中肋组织中。卵粒前端"卵帽"排列成整齐的一行,微露于水稻组织表面,卵粒间及卵粒与水稻组织间有胶质物紧密连接。2~3天后,卵块周围出现褐色短斑纹,呈明显的"产卵痕";卵初产时呈乳白色半透明状,后前端出现红色眼点,近孵化时变淡黄色。

若虫共5龄,体长分别为1.1毫米、1.5毫米、2毫米、2.4毫米和3.2毫米。腹背斑纹和翅芽也是区分各龄虫的主要特征:1、2龄腹部背面有淡色"T"形斑,均无翅芽;1龄若虫后胸后缘平直,2龄后胸两侧略向后伸;3~5龄若虫腹部第4、5节各有一对较大的淡色斑,7~9节淡色斑呈"山"字形;3龄虫中后胸开始有明显的翅芽,呈"八"字形,但前翅芽末端不达后胸后缘;4龄虫翅芽更明显,前翅芽末端伸达后胸后缘;5龄虫前翅芽末端伸达腹部第3~4节,前后翅芽末端彼此相接或前翅芽伸过后翅芽。低龄若虫体色淡,呈灰白色或淡黄色;高龄若虫有浅色型和深色型两类,前者体色灰白,体上斑纹较模糊,后者黄褐色,斑纹清晰;若虫落水后,两后足呈"一"字形,易与白背飞虱和灰飞虱若虫区别。

发生规律　年发生代数因南北地理纬度不同而不同,吉林省通化市一年仅1~2代,海南省12~13代,除北纬21度以南地区可终年繁殖、北纬21~25度间少量间歇越冬外,北纬25度以北均不能越冬,每年虫源由南方迁飞而来。褐飞虱是一种逐代、逐区、呈季节性南北往返迁移的害虫,受我国东亚季风进退的气流和作物生长的物候规律性季节变化同步制约。

成虫长翅型为迁飞型,短翅型为居留繁殖型,短翅型产卵前期较长翅型短,繁殖力较强。只有长翅型褐飞虱才迁飞,迁入地水稻多值分蘖期或孕穗期,所繁殖的后代多为短翅型。

喜温爱湿,盛夏不热、深秋不凉、夏秋多雨是该虫大发生的气候条件。肥水管理不当,如没有认真搁田,排灌措施不好导致地下水位高或施肥不当导致叶片徒长、荫蔽度大,上述情况即使降雨量不多也因田间小气候湿度大而有利于褐飞虱的大发生。

食料条件是影响褐飞虱发生的重要因素。水稻不同生育期营养条件的不同,不但影响褐飞虱翅型分化,而且还对其生长发育和繁殖力有较大影响,一般取食孕穗期水稻的褐飞虱若虫发育历期最短、繁殖力最高,取食秧苗期的则反之。因此,水稻品种进入生殖生长期的迟早也影响褐飞虱的发生,同一地区在品种抗性水平、栽培管理相似的情况下,褐飞虱的发生首先出现在熟期较早的品种和早栽的田块,主要是因为该部分水稻较早转入生殖生长期。

水稻种质中对褐飞虱的抗性资源较丰富,品种的抗性水平对褐飞虱迁入后的发生起着关键的作用。目前我国大多数地区的褐飞虱对含抗虫基因 bph1 的水稻品种已有较强的致害能力,对含抗虫基因 bph2 的水稻品种的致害能力亦明显上升,在抗虫品种的选用上应予以重视。

自然天敌对飞虱的发生有很大的抑制作用,田间褐飞虱的天敌种类众多,如卵期天敌主要有稻虱缨小蜂、黑肩绿盲蝽,若虫、成虫期有多种蜘蛛、鳌蜂、捻翅虫、线虫、步甲、隐翅虫、尖钩宽黾蝽等。有些年份,在局部生镜条件下,缨小蜂对卵的寄生率可高达 40%~70%,盲蝽捕食率可达 47%~80%,线虫对成虫寄生率甚至可超过 90%。

**防治方法** 充分利用农业增产措施和自然因子的控害作用,创造不利于害虫而有利于天敌繁殖和水稻增产的生态条件,在此基础上根据具体虫情,合理使用高效低毒的化学农药。

农业防治:

①实施连片种植,合理布局,防止褐飞虱迁回转移、辗转为害。

②健身栽培,科学管理肥水,做到排灌自如。防田间长期积水,浅水勤灌,适时搁田;同时,合理用肥,防止田间封行过早、稻苗徒长荫蔽,增加田间通风透光度,降低湿度。创造促进水稻生长而不利于褐飞虱孳生的田间小气候,是控制褐飞虱为害的重要环节。

③利用抗虫品种。我国目前有一大批抗褐飞虱的水稻品种育成并得以推广,成为治理褐飞虱的关键措施。但注意避免长期、大规模地依赖少数几个抗虫品种,否则褐飞虱对抗虫品种极易适应,继而产生新的"生物型",导致原有抗虫品种不再抗虫。

④保护、利用自然天敌:除减少施药和施用选择性农药以外,可通过调节非稻田生境提高其中天敌对稻田害虫的控制作用,主要是在稻田周围(包括田埂)保留合适的植被(如禾本科杂草)。但在一些以周边杂草为中间寄主或越冬寄主的害虫(如稻蝽类、稻甲虫类、稻蚊蝇类等)发生较重的地区,此法的选用应再酌情取舍。

化学防治:采用"突出重点、压前控后"的防治策略,选用高效、低毒、选择性的农药。目前对褐飞虱的防治主要有两种特效农药——扑虱灵和吡虫啉。

一般发生年份每亩用25%扑虱灵可湿性粉剂15克喷雾,重发年份可提高到每亩用20~25克喷雾,每亩兑水50~60千克。

吡虫啉的速效性远好于扑虱灵,持效期更长。一般年份亩用10%吡虫啉可湿性粉剂15~20克,大发生年份可提高到每亩30~35克,可用常规喷雾、粗水喷雾或撒毒土等方法,药后3天防效即可达90%以上,7~25天防效最好,持效期达1个半月。

每亩用5%锐劲特胶悬剂30~40毫升,防效在90%以上,持效期达1个月,同时还可兼治其他飞虱及二化螟、三化螟等多种害虫。

氨基甲酸酯类农药可选用叶蝉散(扑灭威)、巴沙(扑杀威)、速灭威等农药,它们有良好的选择性,毒性低,但是因药效期较短,在大发生时需多次用药。当然,还应注意一些稻区飞虱对马拉硫磷和叶蝉散有中等抗药性,在这些地区避免使用相应农药。因此,各稻区可根据当地飞虱的发生规律和用药历史,将不同类型的药剂合理搭配、轮换使用,并严格控制各类农药的使用次数,避免和延缓飞虱抗药性种群的出现,延长农药的使用寿命。

### 3. 主要草害

(1) 稗草。稗草广布全国各地,是一年生禾本科稗属植物的总称。稻田发生的稗草主要有旱稗、稗、长芒野稗等。旱稗别名芒旱稗、水田草、水稗草等。

形态特征　秆丛生,基部膝曲或直立,株高50~130厘米。叶片条形,无毛;叶鞘光滑无叶舌。圆锥花序稍开展,直立或弯曲;总状花序常有分枝,斜上或贴生;小穗有2个卵圆形的花,长约3毫米,具硬疣毛,密集在穗轴的一侧;颖有3~5脉;第一外稃有5~7脉,先端具5~30毫米的芒;第二外稃先端具小尖头,且粗糙。颖果米黄色卵形。种子繁殖。种子卵状,椭圆形,黄褐色。

生态特点　生于湿地或水中,是沟渠和水田及其四周较常见的杂

草。适宜发芽温度为 20～30℃。生长周期一般情况下和水稻同步。双季早稻田的稗 6～7 月开花,7～8 月结果,双季晚稻田的稗 8～9 月开花,9～10 月结果;单季中稻田的稗 7～8 月开花,8～9 月结果。

**防治方法** 选用 60% 丁草胺乳油,在旱育秧田、旱直播田和陆稻田使用,使用时期为播后苗前(播种后当天至出苗前),用喷雾法;在湿润直播田使用,使用时期在整地后当天至播种前 5 天,用喷雾法;在移栽田和抛秧田使用,使用时期在水稻移植后 4～7 天,用喷雾法、药土法、药砂法或药肥法。

选用 35% 丁·苄可湿性粉剂,在小苗移栽田、大苗移栽田和抛秧田使用,使用时期在水稻移植后 4～7 天。用药土法、药砂法或药肥法均可。有水层时,水稻幼苗对丁·苄敏感,所以直播田用药时,不能有水层,水育秧田和水直播田不宜使用。

选用 40% 丁·恶乳油或 40% 丁·扑乳油,在旱育秧田、旱直播田和陆稻田使用,使用时期在播后苗前,用喷雾法。

选用 18% 平湖田草光可湿性粉剂,在大苗移栽田使用,使用时期在水稻移栽后 4～7 天,用药土法、药砂法或药肥法。

选用 50% 二氯喹啉酸可湿性粉剂,或 25% 二氯·苄悬乳剂,在秧田、直播田、移栽田和抛秧田使用。使用时期:旱育秧田、旱直播田和陆稻田在水稻 1.5～2 叶期,水育秧田、水直播田、湿润秧田和湿润直播田在水稻 2.5～3 叶期,移栽田和抛秧田在水稻移植后 7～15 天。均使用喷雾法。

选用 90.9% 禾大壮乳油,在水育秧田、水直播田、湿润秧田、湿润直播田、移栽田和抛秧田使用。使用时期:秧田和直播田在水稻 2 叶 1 心期至 3 叶期,移栽田和抛秧田在水稻移植后 7～10 天。用药土法或药砂法。

选用 40% 直播净可湿性粉剂,在湿润秧田、湿润直播田使用,使用时期在播种后次日至水稻立针期。种子需浸种催芽至 1/2 谷粒长时播种。用喷雾法。

选用 17.2% 幼禾葆可湿性粉剂,在湿润秧田和湿润直播田使用,使用时期在水稻播后当天至立针期。用喷雾法。

（2）鸭跖草。鸭跖草属雨久花科一年生沼生或湿生草本植物。别名鸭仔菜、兰花草、菱角草、田芋等。主要为害水稻等水田作物，部分水稻受害较重。

**形态特征**　植株基部生有匍匐茎，海绵状，多汁，直立但茎矮，高 20～30 厘米，丛生。叶 5～6 片，叶形线形或披针形，叶形多变，线状叶长 1～1.5 厘米，宽 1 毫米，披针形叶长 7～8 厘米，宽 0.5～0.6 厘米；大叶卵形或卵状披针形，卵形叶长 2～6 厘米，宽 1～5 厘米，具弧状平行脉，叶柄长。总状花序腋生，具 3～7 朵花，花被蓝紫色，6 裂片，花梗长小于 1 厘米。蒴果长卵形，长约 1.2 厘米，倒挂。种子较细小，长圆形，顶端具急尖的突起。

**生态特点**　喜欢生于湿地或浅水中，繁殖力强，但出苗不整齐，进入水稻生育中期，仍见有新苗长出来，是稻田重要杂草。种子繁殖，种子发芽最适温度为 30℃ 左右。春季出苗，8～9 月开花，9～10 月蒴果成熟。

**防治方法**　选用 30% 扫弗特乳油，或 30% 草杀特乳油，或 40% 直播净可湿性粉剂，用于湿润直播田和水直播田，使用时期在水稻播种后次日至立针期。稻种需催芽至 1/2 谷粒长时播种，用喷雾法。

选用 12% 农思它乳油或 13% 恶草酮乳油，用于直播田时，使用时期在整地后播种前 5 天，用药时保持田水层，排水后落谷播种，施药用瓶甩法；用于水稻移栽田时，使用时期在移栽后 4～7 天，用药土法、药砂法或药肥法。

选用 18% 平湖田草光可湿性粉剂或 5.3% 丁·西颗粒剂，用于大苗移栽田，使用时期在水稻移栽后 5～7 天。用药肥法、药土法或药砂法。

选用 35% 丁苄可湿性粉剂，或 50% 苯噻·苄可湿性粉剂，或 23.5% 禾草丹·苄可湿性粉剂，用于抛秧田、小苗移栽田及大苗移栽田，使用时期在水稻移植后 5～7 天。

（3）水莎草。水莎草又名三棱草，是莎草科多年生草本。新垦稻田受害较轻，在老稻田发生，危害较重。

**形态特征**　具细长地下横走根茎，长 30～100 厘米。秆散生，直

立,较粗壮,扁三棱形。叶片条形,稍粗糙;叶鞘腹面棕色。苞片叶状3~4枚,长于花序;花序长侧枝聚伞形复出,具4~7条长短不等的辐射枝,每枝有1~3个穗状小花序,每个小花序具4~18个小穗;小穗条状披针形,稍膨胀,具10~30朵花;穗轴有白色透明的翅;鳞片2列,宽卵形,先端钝,背部绿色,两侧红褐色。小坚果卵圆形,平凸状,有突起的细点。

生态特点 依靠根茎和种子繁殖,分布遍及全国。生于浅水或湿地,繁殖体最适发芽温度为20~30℃,5~6月出苗,7~10月开花结果。

防治方法 选用48%排草丹液体或48%灭草松水剂,用于直播田,使用时期在水稻3~5叶期;若用于移栽田和抛秧田,使用时期在水稻移植后10~25天。均用喷雾法。

选用60%灭草快可湿性粉剂,用于秧田和直播田,使用时期在水稻2.5~3叶期;用于移栽田和抛秧田,使用时期在水稻移植后10~15天。均用喷雾法。

选用10%农得时可湿性粉剂或10%苄嘧磺隆可湿性粉剂,用于直播田,使用时期在水稻1~2叶期,用喷雾法;用于移栽田和抛秧田,使用时期在水稻移植后4~25天,用药土法、药砂法或药肥法。

选用13%二甲四氯水剂或46%莎阔丹可溶性液体,用于直播田,使用时期在水稻3~5叶期;用于移栽田和抛秧田,使用时期在水稻移植后10~25天。均用喷雾法。

(4)异型莎草。异型莎草属莎草科一年生草本植物,别名三角草、球花莎草、黄棵头等。分布在我国东北地区以及河北、山西、陕西、广东、云南等省。主要为害水稻和低湿地旱作物,是水稻秧田和本田的常见杂草。

形态特征 秆丛生,株高2~65厘米,扁三棱状,叶基生线形,先端渐尖,长4~30厘米,宽1~4.5毫米,叶鞘紫绿色,伞形花序,苞叶2~3片,具3~8个不等伞柄,顶端着生多数小穗。小穗长圆形,黄褐色,具红棕色膜质鳞片。雄蕊1~2个,柱头3裂。每株可产生数万至数十万小坚果。坚果三棱状倒卵形,浅黄色,靠种子繁殖。

**生态特点** 喜湿润，常见于稻田及水沟边，是水稻田极常见的杂草。部分稻田发生密度大，苗期密度可达每平方米5000株以上。种子繁殖，繁殖力强，能在稻田中成片生长。5～6月出苗，6～9月开花结果。

**防治方法** 选用35%丁·苄（丁草胺＋苄嘧磺隆）可湿性粉剂，用于小苗移栽田、大苗移栽田和抛秧田，使用时期在水稻移植后5～7天。用药土法或药肥法。

选用12%恶草灵乳油，用于旱育秧田和陆稻田，使用时期在播后苗前，用喷雾法；用于湿润直播田，使用时期在整平田面后落谷的前5天，用瓶甩法或药土法，播种时要先排水后播种。

选用30%扫弗特乳油，或30%草杀特乳油，用于湿润秧田、湿润直播田、水育秧田、水直播田。水稻浸种催芽至1/2谷粒长时播种。使用时期在播种后次日至水稻立针期。用喷雾法。

选用10%农得时可湿性粉剂，或10%苄嘧磺隆可湿性粉剂，或10%草克星可湿性粉剂，或10%吡嘧磺隆可湿性粉剂，用于湿润秧田、湿润直播田、水育秧田、水直播田，使用时期在水稻播种后当天至水稻3叶期，用喷雾法；用于小苗移栽田、大苗移栽田和抛秧田，使用时期在水稻移植后4～15天，用药土法或药肥法。

# 主要参考文献

[1] 中国农业科学研究院. 中国稻作学. 北京:农业出版社,1986.
[2] 程式华,李建. 现代中国水稻. 北京:金盾出版社,2007.
[3] 王松林,金郑沛. 浙江土地资源. 杭州:浙江科学技术出版社,1999.
[4] 祝启桓,张淑云. 浙江省灾害性天气预报. 北京:气象出版社,1992.
[5] 奚振邦. 水稻营养与施肥. 上海:上海科学技术文献出版社,1990.
[6] 章秀福,王丹英. 南方优质水稻生产技术. 北京:中国农业科学技术出版社,2006.
[7] 凌启鸿. 水稻精确定量栽培理论与技术. 北京:中国农业出版社,2007.
[8] 陈春生. 水稻旱育秧技术. 现代农业科技,2007(8):80.
[9] 赵国平,敬金星. 水稻旱育秧机理研究. 作物杂志,1994(6):21~24.
[10] 王一凡,闵忠鹏,侯守贵. 水稻强化栽培技术体系的探讨. 垦殖与稻作,2004(5).
[11] 朱德峰. 水稻强化栽培技术. 北京:中国农业出版社,2006.
[12] 洪剑鸣. 中国水稻病虫及其防治. 上海:上海科学技术出版社,2006.
[13] 辛惠普. 水稻主要病虫害综合治理. 现代农业,2007(1):4~6.
[14] 黄世文,金千瑜. 水稻病虫害综合防治技术. 农民科技培训 2004(5):26.
[15] 张先华. 优质水稻主要病虫发生特点及综合防治技术. 农村·农业·农民 2004(3):45.